U0300524

提高认识　高度重视
保证继续教育培训工作顺利进行

为便于一级注册建造师查询继续教育各培训单位的培训计划，提前做好继续教育学习准备，住房城乡建设部建筑市场监管司近日汇总了一级注册建造师继续教育专业牵头部门上报的2013年工作计划，并在中国建造师网（www.coc.gov.cn）上公开了各培训单位的培训计划。一级注册建造师可登录该网站"建造师继续教育"栏目查询培训单位的联系方式和培训计划。

住房城乡建设部印发的《注册建造师继续教育管理暂行办法》规定：注册建造师按规定参加继续教育，是申请初始注册、延续注册、增项注册和重新注册的必要条件，注册建造师应通过继续教育，掌握工程建设有关法律法规、标准规范，增强职业道德和诚信守法意识，熟悉工程建设项目管理新方法、新技术，总结工作中的经验教训，不断提高综合素质和执业能力。

据住房和城乡建设部建筑市场监管司有关人员介绍，注册建造师继续教育工作今年已全面展开。因需接受培训的注册建造师数量庞大，为避免报名、培训扎堆的情况，建议注册建造师（包括取得临时建造师执业证书的人员）尽早查询各培训单位的培训计划，选择拟参加的培训批次，尽快报名确认。有条件的企业应统筹组织好本企业的注册建造师按要求参加继续教育。

继续教育培训不仅帮助建造师掌握工程建设有关法律法规、标准规范，增强职业道德和诚信守法意识，熟悉工程建设项目管理新方法、新技术，总结工作中的经验教训，不断提高综合素质和执业能力，关系建造师个人执业资格的延续，更直接影响着企业资质。

各企业、各建造师注册单位要充分认识这项工作的重要性，做好本单位应参培建造师的工作调配，并及时督促应参培建造师按时报到参加培训。

图书在版编目（CIP）数据

建造师 25 ／《建造师》编委会编 . —北京：
中国建筑工业出版社，2013.5
ISBN 978—7—112—15405—0

Ⅰ . ①建 … Ⅱ . ①建 … Ⅲ . ①建筑工程—丛刊
Ⅳ . ① TU—55

中国版本图书馆 CIP 数据核字（2013）第 087114 号

主　编：李春敏
责任编辑：曾　威
特邀编辑：李　强　吴　迪

《建造师》编辑部
地址：北京百万庄中国建筑工业出版社
邮编：100037
电话：（010）58934848
传真：（010）58933025
E-mail：jzs_bjb@126.com

建造师 25
《建造师》编委会　编
*
中国建筑工业出版社 出版、发行（北京西郊百万庄）
各地新华书店、建筑书店经销
北京中恒基业印刷有限公司排版
世界知识印刷厂印刷
*
开本：787×1092 毫米　1/16　印张：8 1/4　字数：270 千字
2013 年 5 月第一版　2013 年 5 月第一次印刷
定价：18.00 元
ISBN 978—7—112—15405—0
　　（23446）

CONT目

录 NTS

本社书籍可通过以下联系方法购买:

本社地址: 北京西郊百万庄

邮政编码: 100037

邮购咨询电话:

(010)88369855 或 88369877

2012：西方不亮东方亮（下）

世界经济复苏步履蹒跚　中国经济转型稳健前行

谢明干

（国务院发展研究中心世界发展研究所，北京　100010）

三、中国经济面临七大挑战

中国改革开放 30 多年来，取得了举世瞩目的辉煌成就，从一个贫穷落后的国家发展成为世界第二大经济体，现在又面临着难得的发展机遇，前景是非常好的。但是毋庸讳言，中国国内存在的问题也还很多，仅就经济方面来说，就面临着一系列挑战，主要有：

（一）如何正确认识我国经济增长速度逐渐下降的趋势

近几年经济增长速度放缓有世界金融危机影响的因素，也是我们实行调结构、转方式的客观需要。其实，从长期看，随着经济的持续发展，增长速度逐渐下降是一个必然的趋势。经济增长速度下降，意味着需求减少、市场萎缩，特别是失业增加、财政收入减少。对此，我们要有清醒的认识，认真对待。经济增长速度逐渐下降，有以下几个原因：

（1）经济增长速度是一个比较概念，一般是指国内生产总值（GDP）比上年同期增加了多少，用百分数来表示。经济越发展，经济规模越大，比例的基数（分母）就越大，在新的增加值为一定的情况下，基数越大速度就越小。增长速度过低固然不好，过高也不好；过高，

能源、原材料、运输、资金、劳动力等都很紧张，通货恶性膨胀，难以为继，我国过去几十年片面追求过高的经济增长速度，已吃够了苦头。根据我国现阶段的实践经验，增速在 7%~8% 左右比较适宜，增长质量比较好，增长速度也比较快，财政收入、人民生活两相宜。"十二五"规划提出的速度目标就是 7%。估计按照这样的速度，到 2020 年左右，我国的经济总量可能接近美国，那时经济增长速度因基数扩大将可能下降到 5%~6% 左右。再过 10 年即到 2030 年，中国可能步入发达国家的行列，经济增长速度又可能会下降到 3%~4% 左右。这也是一条国际经验，现在美国等发达国家，在一般情况下，增长速度能保持 2%~4% 左右就算不错了。由此可见，那种认为或主张我国今后十几二十年经济增长速度保持或接近两位数的看法，是不对的，至少是不科学的。

（2）目前拉动我国经济快速增长的两个重要因素——工业化、城镇化，均已处于中后期，其拉动经济的作用过去主要表现在量的扩张，以后将逐渐转为质的提高，对经济增长速度的推动作用会逐渐减弱。

（3）随着经济规模的不断扩大，我国劳动力多、劳动成本低的优势（即所谓"人口红利"）

正在逐步消失。我国已提前进入了老龄化社会，经济学中所说的"刘易斯拐点"也已经到来，劳动力供不应求的问题会越来越突出，尤其是很缺乏文化技术素质高、符合先进技术与高新技术要求的劳动力。这也会制约经济的持续快速增长。

（4）调整经济结构、转变经济发展方式是一个长期的庞大的系统工程任务，不经过十年八年的努力是完成不了的。在此期间，经济增长速度不能过高，应以保持在中速即 7%~8% 左右为宜。

（5）由于目前推动经济快速增长的各种因素的作用将逐渐减弱，诸如体制制度变革释放的动力不及改革初期大，工业化、城镇化、农业现代化的拉动力不及过去大，低劳动力成本和低环保成本将不复存在，国际市场上的竞争对手比过去多等等，我国的潜在经济增长率（指各种资源环境、生产要素和社会因素能够支持的最优增长率）已经并将继续逐渐下降。估计今后不会再出现两位数字的高增长了，即使一时出现，也不可能长期持续下去。

为适应经济从高速快速增长转为中速增长这个发展趋势，我们必须有足够的思想准备和积极应对的政策措施。既要防止见增速有所波动或放缓就以为大事不好，又去片面追求高速度而放松调结构、转方式，更要下大工夫深入研究如何创造更多就业机会，如何推进城镇化和提高城镇化的质量，如何大力促进企业技术改造与创新，如何积极发展循环经济，如何处置过剩的落后产能等等问题，这些对我们都是必须认真对待的严峻挑战。

（二）如何加快调整经济结构、转变经济发展方式（经济转型）的进程

调整经济结构、转变经济发展方式这个任务已提出多年，但进展缓慢，不尽如人意。经济结构是一个大概念，调结构、转方式是一个很艰巨、时间很长的任务，怎样把各种结构的调整落到实处并且平衡协调地进行，怎样加快进度、早见成效，是一个很大的课题。其中有几个问题要着重注意：

一是我国经济增长的推动力中，过去外需（出口）占比过大，现在要转变为主要依靠内需（投资和消费）；过去内需中投资的占比过大，现在要转变为主要依靠消费；过去投资以政府投资为主，现在要转变为以社会投资为主；过去消费以衣食住行等物质消费为主，现在要转变为物质消费与精神消费（文化、教育、医疗、体育、旅游等）并重。更重要的是，我们要跳出过去的思维和传统做法，释放、激活潜在的增长动力，发掘、培育新的增长动力，如大力研发和生产更实用、更方便的新产品，加速推进技术含量高、附加值高的制造业升级，着力扶持高科技型的小微企业发展，鼓励企业加大技术改造的力度，放宽对社会资金进入市场的限制，等等。

二是我国现在的产业结构基本上还是高投入、高消耗、高污染、高排放型，已不可持续，必须予以调整，淘汰其落后产能，引入新产品、新技术。这就要认真分析本行业、本企业的产品、技术、工艺、设备的状况，对比国外先进水平，作出或改造、或引进、或改组、或关停的决策。不要舍不得抛弃那些市场已经没有销路的产品和那些已经不能生产出先进产品的技术与设备，美国柯达、日本索尼之所以轰然倒塌，原因就在此，这是十分深刻的教训。对此，政府有关部门应加强宏观指导和调节。

三是调结构、转方式不可避免地会触动某些陈旧观念和某些既得利益，需要深化改革为之扫除障碍和保驾护航。例如，为"倒逼"企业转变落后的发展方式，就要深入进行资源（包括水、电、油气、土地及重要原材料）价格改革，使企业受到不"转"就是死路一条的压力，再也不能依靠低价的资源、依靠落后的产品与技术、依靠高消耗高排放低效益的方式来谋求生存与发展。又如，为营造一个富有活力与创造力的、各种市场主体平等竞争的经济环境，就必须深入进行国有企业（包括国有金融机构）改革、垄断行业改革和转变政府职能，真正把政企、政资、政事分开，使国有企业和垄断行业再也不能依靠政府的庇护、依靠垄断来继续享受它们的"太平"日子。这样的事例还很多，可以说，不深入"改"，就不可能实现真正的"调"与"转"。

四是加大中西部地区开发力度，人财物更多地向中西部倾斜，这是必要的。但这些年中西部地区为加快发展经济，依靠自己的资源优势大力发展高能耗工业，加上东部地区一些高能耗工业向西转移，使西部地区高能耗、高污染、高排放现象有增无减，这个问题要引起高度关注，要有效控制中西部地区高能耗工业的发展，加强节能减排，实行绿色发展。国家和东部地区还要考虑给予中西部地区保护生态的补偿。

调整经济结构、转变经济发展方式，涉及社会的方方面面，也需要方方面面来参与和支持。比如淘汰落后产能，涉及许多经济利益格局的调整，要做好协调与说服工作，该补偿的还要给予适当补偿。又如，推进产业结构升级，需要有先进技术和高素质的人才，这就要加强人才培养，加强高新技术研发，加强技术、人才的引进工作。再如扩大内需，就需要设法增加城乡居民的消费，需要增加就业、收入、社会保障，需要改善消费环境等，而增加就业又需要大力发展服务业，发展民营经济，增加收入又需要改革收入分配制度，如此等等。因此，要有一个整体规划，综合配套，统筹兼顾，才能做好。否则，各自为战，目的、步伐不一致，就会旷日持久，难见成效。

（三）如何正确处理发展实体经济与发展虚拟经济的关系

这次世界金融危机的一条重要教训是，一个国家经济发展的根基是实体经济而不是虚拟经济。经济学历来强调物质产品（包括农业产品和工业产品）的生产才是社会经济的基础。只是到了现代经济时代，大量现代服务业出现，成为发展现代工农业的必要要素，才把实体经济的内容扩大到现代服务业。美国次贷危机的发生是因为经济过度虚拟化，又缺乏有效的监督。德国一直致力于发展实体经济，特别是制造业非常发达，而对虚拟经济似乎不大感兴趣，因此在世界金融危机中受的损害比较轻。

我国虽然一直把经济发展的着力点放在发展实体经济上，但也存在许多问题。一方面，实体经济的发展，总体上已从数量、规模的扩张转向质量、效率提高的阶段，不少行业和大量企业面临的市场竞争更加激烈，已不可能再取得过去那样的高额利润，对此许多企业难以适从。部分企业产品大量积压，产能严重过剩，贷款货款拖欠，资金循环梗塞，濒临亏损和被淘汰的悬崖。有的甚至完全脱离实业而专门从事炒股炒金、炒房炒地、高息借贷等投机行为。实体经济在一定程度上被弱化了。另一方面，虚拟经济畸形发展，股市、房市与宏观经济脱节，股市狂升之后深陷低谷、房市多年畸高调控乏效，成了逐利者大肆敛财、圈钱的舞台；寻租、贪腐、权钱交易、内幕交易、非法牟利等现象相当严重，但一直缺乏有效的监管和整治；许多人梦想通过炒股、炒房大发大富，而不愿意向实体经济投资或脚踏实地地从事实业经营。这既对经济的健康发展有害，又扩大贫富差距，影响社会稳定。

大力发展实体经济，防止经济虚拟化空心化，政府责无旁贷。一是要通过税收、信贷等措施，积极引导企业走创新之路，坚持不懈地推进技术创新、产品创新、管理创新和商业模式创新，通过创新降低综合成本，开拓利润空间，分散经营风险。二是要挤压金融、房地产等行业的高利润，并且采取有力的财税、金融政策，使资金等生产要素更多地向实体经济部门转移。

要深化金融体制改革，完善支持实体经济发展的现代金融体系，通过利率市场化等形成银行业的竞争格局，降低实体经济尤其是中小微企业的融资成本。三是规范和进一步优化市场秩序，坚决打破地区封锁、行业垄断，降低民资进入市场的门槛，使商品、资金都能各畅其流。四是要切实整顿、规范股市，使之回归融通、搞活资金的本能，真正成为"经济的晴雨表"，更好地服务于实体经济的发展；切实整顿、规范房市，使之回归其本来的公益性，更好地实现"住有所居"的民生目标。

（四）如何更好发挥科技创新对经济转型经济发展的驱动与支撑作用

近十来年，科技创新的意义与重要性日益深入人心，科技工作的条件显著改善，科技创新的成果不断涌现，特别是取得了一系列具有世界先进水平的成果，有力地驱动与支撑了我国经济转型和经济持续发展。但是从总体上说，我国同美、德等发达国家的科技水平相比仍有比较大的差距，仍需再接再厉，奋起直追，锐意创新。从科技工作的具体实践来说，仍有不少问题需要切实加以解决，例如：

国家加大财政投入很必要，自2006年以来已连续5年保持23%以上的增速，2012年全国研发投入将达到1万亿元，居世界第三，但在GDP的占比只有1.83%，与许多国家相比仍有不小差距，仍需坚持继续加大投入。同时，研发经费应科学合理地分配使用，防止铺张浪费、贪污腐败或任意挪作他用，对此要建立有效的财务与监督制度。

科技创新的人财物条件固然重要，但科技创新的体制与环境更重要。科学研究是高脑力劳动，需要安静的思考、耐心的试验、友好的切磋、经验的积累，不能靠突击、靠"打擂台"（"大跃进"时期有的科研机构搞过"打擂台"、"大比武"），也不能靠"长官意志"。"外行"只能当"后勤部长"，不能当"指挥官"。要让"科

学家回归科研本身"，不要让他们把许多宝贵时间花在跑项目、拉经费和处理复杂的人际关系上。要刻意营造一个尊重科学、尊重人才、尊重不同见解，鼓励成功、宽容失败的环境与氛围，使科技人员能专心致志地搞科研、心情舒畅地发挥自己的专长。

大力提倡自主创新、原始创新，争取有越来越多的技术专利与自主品牌产品，同时也应对传统产业的技术革新与升级给予更大的关注，对科研成果的产业化给予更大的关注，使我们的科技水平和生产水平都扎扎实实地踏上新的台阶。

在社会上、在民间，有许多能工巧匠、发明家和离退休的科技人员，要鼓励他们发挥专长、搞科研、带徒弟、献计献策、办科技型小微企业等，对他们的意见建议要热情欢迎，对他们的困难要热情帮助解决，对他们的创造发明要组织专家帮助鉴定，不要轻易否定，更不要泼冷水。科技型小微企业是科技创新的一支重要的生力军，许多大型科技型企业就是由小微企业发展起来的，要大力给以扶持。

基础研究是新技术和工业发展的原动力，要突破关键性的新技术，就不能忽略加大对基础研究的投入。目前基础研究经费在全部科研经费中的占比不足5%，远低于美国等发达国家15%~20%的比例。如果不加大对基础研究的投入，我们将来势必在创新力竞争中处于劣势。

（五）如何更有效地应对资源环境约束的不断扩大

党的十八大指出，我国正面临资源约束趋紧、环境污染严重、生态系统退化的严峻形势。在资源约束方面，我国GDP占世界的8.6%，而能源消耗却占世界的19.3%，单位GDP能耗是世界平均水平的2倍多。"十一五"期间，产业结构调整进展缓慢，结构节能目标没能实现，高能耗、高污染、高排放产业增长过快，重工业占工业总产值比重由68.1%上升到70.9%，

服务业增加值低于预期。随着工业化、城镇化加快和消费结构升级，能源需求呈刚性增长，石油对外依赖度已达到57%，油价每桶已超过100美元，资源瓶颈约束势将更加突出。在环境污染方面，情况虽有些改善，但城市空气细颗粒（PM2.5）污染加剧，多数城市细颗粒物超标；全国地表水水质总体为轻度污染，十大水系均有不同程度污染，湖泊、水库富营养化问题突出；农田、菜地及企业周边土壤污染较重。在生态系统方面，局部稍有好转，总的形势依然严重，近三分之二城市缺水，森林、草原、湿地、海洋、山地均不同程度地功能退化，生物多样性减少。我国的资源禀赋是一个高碳结构，多煤炭少油气；我国又正处在工业化、城镇化中期，属于高碳排放；加上我国人口多，碳排放量大，全国二氧化碳总排放量居世界第一，节能减排任务非常艰巨非常紧迫。现在全球气候变暖，我国在国际上面临的碳减排压力越来越大。

为了同心合力建设一个"美丽中国"，全国上下都要统一思想和行动，"宁可少要点GDP，也要保住青山绿水"，再也不能粗放式发展，不能再依靠大量增加要素投入、大量消耗自然资源、片面追求数量扩张来实现增长，必须加快调整经济结构、推进发展方式转变，走绿色发展、低碳发展之路，即低投入高产出、低消耗少排放、能循环可再生的可持续发展之路。既要提倡人人自觉节约资源、绿化消费、保护自然；更要强调强化责任、强化法治，全面加强资源环境保护、生态文明建设的立法执法和司法工作。同时，要切实推进先进技术的研发与推广应用，诸如：发展地区、企业的循环生产，推广煤炭地下气化，推广"三废"回收处理与利用，等等。

环境治理、节能减排，任重道远，要打持久战；工作涉及各个方面，工作对象又往往跨地区跨行业，要统筹组织、协作行动，不能各自为战。环境、生态、资源都具有正外部性，

治理污染、保护生态、节约资源不能单纯依靠企业的"责任感"和群众的"自觉性"，主要应依靠政府的强力推动和直接干预，包括规划、政策、法治、宣传教育等等。为此，建议把环境保护部和国土资源部合并，并且让各有关部门参与，共同组建国家环境与资源委员会，由总理或常务副总理亲自担任主任。

（六）如何在深化改革上实现新突破，把改革向更宽领域更深层次推进

成就来自改革，出路在于改革。我国过去30多年来经济之所以能够持续快速增长，人民生活水平之所以能够有比较大的提高，说到底，是由于实行了改革，改革极大地解放了生产力。目前在各方面都存在和积累了大量亟待解决的问题，说到底，也只能通过进一步深化改革才能解决。

近些年改革进展不大，在某些领域改革停滞不前甚至有所倒退。究其原因，主要有三：

一是思想认识上的障碍。比如，不少人认为贪腐现象严重、收入差距扩大、"一切向钱看"的风气蔓延等问题是因为实行了市场化改革，有些人还主张回到计划经济时代，说什么"还是要以计划经济为主"。又如，有的问题中央文件早已有明确说法，如对国有企业要实施战略化改组，要有进有退，有所为有所不为；要加快推进国有企业改革；要实行政企分开；等等，但在实践中，国企改革很少提了，国企垄断了许多行业，作为社会主义市场经济重要组成部分的非国有经济的市场门槛高得使许多民营企业望而却步，政府还照旧大包大揽许多本应由市场、企业、个人来办的事，甚至出现了一提到国企改革、政治改革就遭到某些人上纲上线指责的怪现象。再如，有的学者认为改革的任务已经基本结束，现在是"后改革时代"，如此等等。总之，思想认识相当混乱。

二是来自既得利益者阶层的阻力。过去30多年的改革，由于重经济改革轻政治、社会、

文化改革，由于制度建设尤其是法制建设未跟上，由于缺乏经验，新的体制制度不完备、相互不协调也不制衡，一些人或钻政策、制度、法律的空子，横征暴敛、疯狂炒作；或把手中掌握的行政权力为己所用，权钱交易、贪赃枉法；或垄断某些经济命脉，享受特权和超高工资福利；形成了一个人数不少的既得利益者阶层。他们有权有钱有势，担心深化改革触犯到自己的既得利益和权力地位，自然对深化改革竭力反对。

三是干部队伍中存在安于现状和畏难情绪。深化改革，比过去的改革深刻得多，困难也大得多，对各级干部的党性、觉悟、能力都是严峻的考验。不少干部尚缺乏勇于改革开拓、勇于攻坚克难、勇挑重担的勇气、魄力与智慧，或认为现在经济情况很好，不需要改；或担心失去自己既得的利益，不愿意改；或害怕得罪人、害怕承担风险，不敢改；或因不学习不调研，不懂怎么改，改起来随心所欲，变了样。因而这些干部实际上也是深化改革的障碍。当然，对这些干部应当进行再教育，要热情帮助他们解放思想、端正心态。

解决好上述问题，克服各种阻力，是深化改革的关键。要在解放思想、提高认识的基础上，在总结30多年改革成败得失与经验教训的基础上，集思广益地做好深化改革的顶层设计。改革必须有平衡性，坚持整体配套，要把经济体制改革同政治、社会、文化体制改革结合起来，把转变政府职能同充分发挥市场的基础性作用结合起来，把讲求效率同注重公平结合起来。深化改革尤其是政治体制改革从哪里突破？应当从广大人民群众最迫切要求解决的问题突破：一是自上而下地建立一个独立的、互相支持又互相制衡的反贪污、反浪费（诸如高三公消费、高职务消费、高福利待遇、搞形象工程、盖豪华办公楼之类）的机制和体系，以杜绝人治高于法治的现象和种种"关系学"、"说情风"，否则，贪污浪费的歪风是不可能刹住的。二是进行分配体制改革。分配不仅是收入分配，还应是财富分配，有的人巧立名目把国有资产掠归己有，把企业大块利润在少数人中私分，在某些高收入单位兼职或挂名拿几份工资福利等等，就是属于财富分配的问题。收入分配也不仅是工资问题，工资可以不动甚至减少，但工资外的收入如福利、奖金、补贴、发实物等却可以搞得很多。因此，如果改革只是给低收入者增加点工资，那能解决什么问题呢？即使是调整工资，也必须有增有减，实行"削高、扩中、提低"，否则怎么体现公平和按劳分配、怎么缩小差距呢？这就确实需要有政治勇气、有动真格的决心、不怕得罪人。三是切实转变政府职能、政企分开，凡是市场能做的就让市场去做，政府的责任主要是创造与维护一个良好的市场环境并在必要时进行宏观调节。这三项改革，既是经济体制改革，也是政治、社会体制改革，是广大人民群众最关心呼声最高的、目前又最有条件做的改革。搞好了，党和政府的威望和广大人民群众的积极性就会大大提高起来。

（七）如何应对国际环境恶化和不确定性加剧对我国经济发展带来的挑战

这个挑战主要表现在：（1）不利于出口。金融危机必然会导致市场危机，大大削弱消费者的购买力，人民群众节衣缩食，市场陷入萧条，从而影响我国产品出口。同时，随着越来越多的发展中国家进入工业化、城镇化快速发展的行列，它们为了增加原始积累不断加大对初级产品的出口力度，在国际市场上同我国争夺出口市场的竞争越来越激烈。劳务出口（如承建大型基建工程）也面临更多的竞争。在世界金融危机的影响下，有些国家为保护本国企业和创造更多的就业机会，大搞贸易保护主义，不断对我国的产品出口和劳务出口制造障碍。（2）不利于"走出去"。我们实行（下转第11页）

中国经济 10 年回顾和展望

高 梁

（国家发改委经济体制与管理研究所，北京 100035）

一、2001-2010，中国经济发展的态势回顾

进入 21 世纪以来的 10 年，中国经济驶入快车道。GDP 以平均年增 10.5% 的速度增长，超过日、德成为世界第二大经济体，工业规模居世界第一，为世界所瞩目。

经济高速增长的主要原因，一是前 50 年经济建设的基础（工业管理经验、基础设施），特别是近 30 年改革开放对效率的贡献；二是加入经济全球化进程。2002 年中国正式加入 WTO，恰逢世界经济处于高涨期。我国大幅度放宽外贸政策和投资政策，原局限于沿海地区的"发挥低工资优势、招商引资、出口加工"发展模式，以空前的规模在各地推广。低工资、低地价、低环境成本，地方政府的"亲商"政策等等，中国遂成为跨国公司的投资天堂和世界工厂。

外需和投资是拉动经济高速增长的主要因素。2002 ~ 2010 年，我国出口年增 21%，投资年增 24%，工业年增 15%。工业品的 1/4 用于出口，出口工业品中的 50%（电子等高技术产品的 90%）为贴牌生产，"世界工厂"在很大程度是低技术环节的加工基地。目前中国的外贸依存度为 47%（2008 年为 70%），在 1 亿以上人口大国中仅此一家。

沿海和各中心城市工业的迅猛发展，吸引了 2.5 亿农村劳动力进入城市就业（占全部二、三产雇员的近 40%），决定性地改变了城乡人口比例。工业化、城镇化的加速，拉动了对工业设备和消费品的需求，拉动了第三产业的发展，也带动了大规模的基础设施与住房建设。

城镇化加速、住房制度改革（1998）给房地产业带来空前的发展机遇。房地产的全面市场化，迅速改善了城市居民的住房条件。但它的负面效果是房地产的金融筹码功能迅速放大。作为人类生存基础和不可再生资源的地皮被大量透支，成为地方（城市）的财政支柱。占用郊区耕地和土地增值的分配，成为政府与农民矛盾的一个焦点。房地产资本对银行、政府的影响力上升，各类投机资本（包括外部热钱）不断抬高大城市房价，助长了经济泡沫化、贫富分化和腐败。2008 年的短期刺激政策与其后的房价暴涨也说明了我国以现有的技术水平和多数居民的收入状况，工业发展的空间已经日益狭窄。

经济全球化的另一面，是西方工业的升级和细分，部分产业（或环节）为寻求海外低要素成本大规模外移。中国人口相当于美欧日俄人口的总和，以这样的规模加入全球经济体系，

不仅影响了中国自身，也影响了世界格局。西方产业空心化，虚拟资本膨胀，贸易逆差和财政赤字累积，其结果就是金融危机。

1992 年以来，中国累计吸收外商直接投资达 1.2 万亿美元，占发展中国家首位。但中国不像很多发展中国家那样彻底"融入"西方主导的全球一体化、沦为它们的经济附庸，而是持续高速增长，关键在于我们保持了基本经济制度，保持了核心经济部门的自主性。

美国是西方世界的领导者，对它来说，遏制任何可能的挑战者以保持自己的霸权地位，是其基本战略利益所在。明白这一点就可理解，为什么近来我们的国际环境的"负能量"越来越多，为什么西方舆论对中国改革的关注持续升温。他们的"愿景"是要中国搞苏联式的"改革"和拉美式的"开放"。对此我们必须保持清醒。

二、十年经济政策的回顾

1991 年苏联易旗，世界进入政治单极化和经济一体化时代。90 年代起，中国的改革开放经历了一个"跃进"时期。外资和私人经济膨胀，国企急剧衰落。公有制企业多鼓励"经理层收购"形式，它在加速产权改革的同时助长了"监守自盗"式的腐败，在宏观上表现为所有制结构、产业结构和就业结构的急剧变动。数千万工人下岗，贫富急剧分化，引起社会动荡不安。

工业化、城镇化加速，导致农业比较收益下降，农村基础组织涣散，城乡差距再次拉大。经济"软着陆"，内地经济不振，出口加工业繁荣，导致沿海与内地发展极不平衡。对科技、教育、医疗等事业部门的改革过于强调"企业化、市场化"，相当程度地扭曲了它们的社会功能，抬高了群众的基本生活负担。

2003 年，中共新一届领导班子提出科学发展观和"五统筹"思想，在这一方针指导下，出台了一系列调整措施。

一是继续建立和完善城乡社保体系。

二是统筹城乡发展，包括：取消农业税、增加农业补贴、鼓励粮食生产，资助新农村建设，帮助进城农民工解决医保、子女教育等实际问题。

三是提出"增强自主创新能力，作为推进产业优化升级的中心环节"的战略思想，这对支撑我经济持续发展意义重大。与此相联系，国务院发布了"振兴装备制造业"等产业政策。从而在一定程度上调整了被动服从国际分工的发展思路，给科技界和工业界以极大鼓舞。2003 年以来，在增加科技投入、促进科研和经济结合、推进战略高科技产业发展和传统产业升级等方面，有了明显进步。

四是继西部大开发战略之后，出台了"振兴东北等老工业基地"等区域发展政策，并鼓励中部和东部地区按科学发展观的要求，因地制宜选择发展战略和进行相应的体制改革实验。

五是有管理地放开网络言论，提倡意见互动，包括允许群众对改革和发展政策进行讨论和批评。如 2004 年网上关于国企改制的民意测验和大讨论，促使政府部门针对群众最反感的 MBO 方式、外资收购国企股份等问题，及时作了政策调整。2008 年胡总书记提出改革要"不动摇、不懈怠、不折腾"。

以上重要举措，使得"以人为本、全面协调可持续"的发展思想得以落实，在推进结构优化和提高经济发展质量、兼顾城镇化和农村发展、兼顾开放与安全利益、兼顾经济发展与社会公平和环境生态等等方面，都取得了重要的成果。

以上很好的政策思路，在实践推进中不是一帆风顺的。由于 20 世纪 90 年代以来社会利益的多元化，一些符合国家长远利益、惠及多数人的政策，总会遇到来自某些利益集团的阻力。

例如，推进自主创新以支撑产业结构优化升级，需要在鼓励自主创新、技术成果产业化应用、市场支持等方面的配套政策，以及对外经济战略的必要调整。而在实际运作中，以跨国公司为代表的利益集团成为明显阻力，削弱了这一政策的效果。

又例如，在金融改革中，不恰当地要国有商业银行股份化必须引进外国资本，导致一些国有银行在合资上市时财富外流，影响国家金融信息安全；部分国有大企业的产权改革也出现类似情况。我国人均收入仅几千美元，亿万群众积攒的血汗钱却被输送到人均几万美元的西方富国那里，慢慢蒸发。

在思想文化界，社会主义的理想信念正在被淡忘，崇拜资本、赞美自私、蔑视大众、诋毁革命和爱国主义的舆论占据了主流。这股风气影响到政府系统，导致官僚主义滋长，腐败愈演愈烈。加之社会贫富差距扩大，住房、医疗、教育费用昂贵等等，人民群众对此十分不满。

一些深受西方自由主义影响的学者，压制群众对改革中出现的问题和失误的批评，或将种种社会弊端的原因一概归结为"改革不彻底"，声称只需"彻底（市场化）改革"、"国企和政府权力彻底退出"即可解决问题。例如贫富分化问题，他们闭眼不看社会现实，一味指责"国企垄断"导致贫富分化，指鹿为马，连起码的事实和基本逻辑关系也不顾了。很明显，今日市场经济下的劳资鸿沟（特别是跨国资本对国内亿万农民工的雇佣关系）才是贫富分化的主要原因，其次是腐败，以及行业、城乡、地区间的差距。这种故意的"遗忘"，目的还是要把群众不满引向消灭掌握国家经济命脉的国有经济。可以肯定，在这种思想指导下的"分配制度改革"，只能是南辕北辙。

三、当前和未来我国经济面临的主要问题及其展望

（一）经济发展面临拐点，高速增长期可能已经结束

（1）美欧的金融危机－经济危机原因深刻，至今未见实质复苏。西方总结教训，对我搞贸易保护主义；美全球战略已明确将我作为第一对手，对我进行经济政治等综合围堵，迹象明显。

（2）影响我未来几年经济增长的关键因素，是外需增长势头放缓、工业低端产能已近饱和，出口增长明显放缓，现有为外需服务的部分工业产能将闲置。从长期看，随着汇率上升、劳动力成本上升，沿海低端出口加工业将可能遭遇沉重打击，从而向后影响一片产业（装备制造、为基本建设服务的行业）。

"十八大"报告要求2020年，GDP和人均收入比2010年翻一番，即人均1万美元。发展中国家人均收入在3000～6000美元阶段时多数出现徘徊，即中等收入陷阱。其根本原因是缺乏自主科技创新并支撑产业升级能力。这正是我国目前面临的最大挑战。但我国的经济学家们还是把兴趣集中在促进城镇化、一般性三产方面。

（3）随着农村后备青壮劳动力的短缺日益明显，低工资"比较优势"即将消失。沿海片面依靠"招商引资"、技术"拿来主义"、营销"借船出海"，满足于蹲在跨国公司产业链的低端、赚农民工血汗钱的发展模式，已走到尽头。加之社会上对缩小贫富差距的呼声，沿海出口加工业陷入前所未有的尴尬。

（4）内需上不来，原因是国内贫富差距过大、80%以上家庭缺乏购买力。"收入分配体制改革"有"画饼充饥"的味道，因为85%的就业人口在非公部门，政府不能命令他们涨工资，只能通过二次分配给予缓解，而这又受制于财政汲取能力、财政运行的有效性（准确、效率、减少中间流失）。

（5）短期看，能够影响内需的主要有效变量是城镇和基础设施建设投资，但必须是在严格控制房地产投机需求的前提下进行，且基础建设（包括环保建设）受制于财政支付能力（过度利用贷款则银行无法承受）。能源原材料、

工业技改投资则取决于对经济增长的预期。

这样，出口加工的停滞，可能意味着经济增长率从9%～10%降至7%左右。结构调整和优化升级是长期持续的努力过程，远水不解近渴。如果经济增长率不能有效吸收新增就业人口，在目前官民、社会关系紧张的情况下，维持社会稳定问题将会突出。

（二）自主技术创新和产业升级是支持经济长期持续发展的治本之策

我们的经济政策的制定者，多数人对技术和产业结构的内涵不甚了了，很多人还局限于"改革开放促效率"的经验。关于后进的技术追赶型国家，其技术和产业进步面临的门坎和主要困难，其长期性和艰巨性，以及实现追赶必须的体制安排（建设官产学研用结合的国家创新体系、内外经济政策的协调性，骨干国企与大型民企作为自主创新平台的关键作用，正确运用政府的主导作用，对经济改革和开放政策的重新审视和调整），在理论上尚未达成基本共识。

（三）关于"三农"和城镇化问题

（1）在经济全球化条件下，中国小农经济无法与欧美大农业竞争。农产品涨价空间有限，且低收入阶层比重大，对农产品涨价承受能力有限。农民追求较高现金收入向城市流动的趋势还将继续，农村已面临劳动力短缺问题。我国有很大一部分耕地不适于大型机械耕作，如何提高这些农区的务农收入，以保证国家粮食安全，将成为重要问题。

小农经济的出路是规模化、现代化。如走"公司＋农户"道路将固定小农的低收入状态；发展新型合作组织则亟待加强乡村基层组织的治理能力。

（2）一大部分农民进城转市民，有助于减轻人地紧张、提高农业规模化水平。但改革城乡户籍分管体制，首先要解决城乡居民保障与公共服务权益的区别化问题。在社保资金由各省市财政包干的情况下，农民的跨省区迁徙定居就业难以实行。

（3）国际市场的波动风险，影响进城打工农民的就业前景。他们在家乡的耕地承包权和自有住宅，在较长时期内还是他们的保障和退路，这是全社会矛盾的缓冲器。"统分结合"的集体经济制度，是经过历史的探索和锤炼所形成，是适应现阶段基本国情的。

中国是人口大国、工业化的后进者，在发展中面临自己的独特问题，不能照抄西方先行者的经验。受制于基本的社会经济条件，考虑到兼顾经济发展、社会政治稳定的要求，从小农社会走向现代工业城市社会，需要一个历史过程，要经过几代人的努力。

四、结论

综上所述，经济发展战略思想的确立，发展、改革政策的调整，需要对中国经济社会发展的目标、环境、国情进行较为全面深刻的考察和理解，进行通盘考虑；需要综合国际国内环境的新情况，将国家安全与发展放在同等重要的位置。以下几点是需要强调的：

（一）强调社会公平正义，坚持中国特色社会主义

中国是发展中的大国，人多地少、资源紧缺、地区差距大。我们又是在高度开放的条件下进行改革和经济建设。社会主义使中国获得了真正意义的独立与尊严，使国家走上富强之路。社会主义思想深入人心，我们必须强调社会主义的公平正义与"共同富裕"理念。有必要节制资本权力的过度膨胀、坚持人民主体地位，强调政府为人民服务、密切联系群众、改进政风。

必须坚持发展社会生产力、改革开放，坚持维护社会公平正义、共同富裕。

（二）分清两种性质的改革，正确认识国有经济的作用

我们的改革是中国特色社会主义前提下的改革，开放是在独立自主、平等互利原则下的开放，目的是加快现代化建设、国家独立富强和人民幸福。而国内某些"改革者"极力主张以"欧美模式"，即资本主义制度为蓝本的改革，这是违反广大人民的根本利益的。两种改革主张的分歧是道路的分歧，关系到国家的前途命运，是绝不能含糊的。正如"十八大报告"所说：中国不走封闭僵化的老路，也不走改旗易帜的邪路。

目前我国已经形成公有、民营、三资企业对等竞争的局面。各行业现有国有骨干企业和科研机构，集中了我国70%以上科技人才和资源，是国家产业优化升级的基础、自主创新的中坚、国防安全的屏障。国家保持对战略性核心产业的控制，是抵御外资强势竞争、保持国家稳定发展的基础。国有企业目前的主要任务应偏重改善企业治理机构与制度建设。

（三）兼顾基本工业化、产业结构升级两重任务

中国处于基本工业化、城镇化的加速阶段，同时又面临产业结构升级的紧迫任务。从国家长远发展利益出发，必须从现在起努力推进产业优化升级。经过10～20年努力，在若干中高端产业形成技术优势并占领相当市场份额。

（四）统筹市场机制和产业政策、自主性和开放性

推进自主型产业升级，面对外部的不对等竞争（技术遏制、市场信任度等），政府有必要对特定产业给以适度的支持和保护，而如何把握支持和保护的"度"十分重要，保护过度则企业失去活力，不保护则处于幼稚期的本国企业难有胜算。需要综合运用市场竞争与政策两方面的作用，这就需要较精细的体制与政策设计。要实现对外经济的"互利共赢，安全高效"，需要在对"发展观"的大原则取得共识的情况下，处理好自主性和开放性的关系，处理好开放、发展、安全的辩证关系。开放要以不损害国家主权与经济社会发展的核心利益为底线，要为未来的产业升级预留空间。⑤

（上接第6页）开放性经济，不仅要使产品、劳动力走出去，而且要使资金走出去，在国外谋求发展。但是有些国家对此并不欢迎，甚至运用政府权力加以限制。我们想在他们那里搞开发区、度假村，他们就说我们要侵占他们的土地；我们想投资开发他们的资源，他们就怀疑我们企图控制他们的资源；我们想投资他们的高技术产业，他们就担心我们会窃取他们的技术秘密，威胁他们的技术安全。有的国家甚至针对中国的投资，制定相关法律法规加以限制。（3）不利于人民币币值的稳定。我国出口产品在世界市场上之所以价格比较低、竞争力比较强，原因在于劳动力成本、土地成本、环保成本都比较低，但是西方国家特别是美国却认为主要是由于人民币的币值被低估了，致使

他们经济不景气，失业率高企，不断施加压力压人民币升值。与此同时，人民币汇率还直接受制于美元币值的变动。美国为摆脱自己的经济困境，不时放任或怂恿美元贬值，以迫使人民币升值。（4）使我国承受的通胀压力增加。国际原油和大宗商品的价格上涨，特别是美、欧、日不断推出量化宽松政策使大量热钱流入我国，加剧我国的输入型通涨，扰乱我国的市场。（5）西方国家经常在中东等地发起战乱或挑起事端，如入侵伊拉克、利比亚等，使我国在这些国家的投资和建设项目蒙受巨大损失，等等。今后几年，国际环境有可能进一步恶化，我们一定要保持世界性的战略视野，密切跟踪国际形势的变化，沉着应对，做好各种应变准备，尽量减轻对我们的不利影响。⑤

地区安全环境变动中的中印能源合作

李　渤　　刘日红

（商务部政研室，北京 100731）

摘　要：进入 21 世纪以来，世界上的大国、强国或集团进一步调整其地缘战略，致使世界地缘安全环境持续变动，特别是美国对世界主要产油区域的地缘政治整合，给中印两国在海外能源领域的拓展增添了新的困难与障碍，影响着两国能源政策的调整与合作方式的选择，进而影响着双方在能源领域合作关系的深化与发展。

关键词：中国；印度；地区安全环境；能源合作

进入 21 世纪以来，伴随着国际金融危机的持续发展，全球战略与经济重心的位移，世界上主要国家或集团进一步深化其地缘战略的调整，地缘政治学家关注的经典地缘政治板块都已发生剧烈变化，导致地区安全环境也处于持续变动之中。中国与印度所面临的地区安全形势趋于紧张，其周边安全压力进一步增长。有的国家明确以中国为战略对手并加紧实施对中国的地缘封堵战略。随着美国亚太地区战略调整及俄日等国调整对南亚各国的策略，尤其是美国在澳大利亚的驻军与中亚战略加强，中东、北非政治动荡，伊朗问题解决趋紧，无形中增加了印度的地缘安全压力。而中印所处地区内的一些国家也更加倾向寻求域外大国的安全保护或介入，加剧了地区安全问题的国际化与复杂化。受诸此因素影响，中印双方安全心理日益趋于紧张、不安，深刻影响着存有历史与领土问题，政治互信不稳的中印两国关系的

维护与促进。

作为世界上人口数量最大的两个发展中国家，中印两国正处于经济高速增长，能源需求急剧上升而自有的石化能源产量下降。为维护经济的可持续发展，两国均需有可靠的能源来源保证或能源产品增长空间。而上述因素无疑给中印在海外能源领域的拓展增添了新的困难与障碍，影响着两国能源政策的调整与合作方式的选择，进而影响着双方在能源领域合作关系的深化与发展。

一、油气资源产区的地缘安全环境碎片化、复杂化

2011 年，中国包括原油、成品油、液化石油气 (LPG) 和其他产品在内的石油净进口量为27286 万吨，增长达 7.6%，石油进口依存度由2010 年的 58.7% 提高到 59.8%。[①]中国的石油公司目前已经在 31 个国家开展经营活动，并在其

---

①田春荣：《2011 年中国石油和天然气进出口状况分析》，载于《国际石油经济》2012 年第 3 期。

中 20 个国家拥有权益产量，在海外的石油油气作业年产量已达到 1 亿吨，权益产量近 6000 万吨。印度国内大约 80% 原油需求依赖进口，印度能源公司目前已经进入全球 20 多个国家和地区，印度能源企业在 2001–2011 年期间对海外油气资源开发项目的投资总额达 58.7 亿美元。[①]

而中印两国海外油气资源投资与进口主要方向与源地也基本集中在目前世界油气供给集中区域：东西非、中东、中亚、拉丁美洲等。这些区域自冷战结束以来就一直是各种势力与矛盾、利益的会聚之地，大国因素、民族主义、民族及教派矛盾与冲突交织，因此，其内外地缘安全环境极其不确定、紧张、动荡、复杂。

如今，世界各国的能源利益正逐渐趋同。各国对能源安全、环境和可持续发展都给予关注，[②]强势国家或集团更是在能源领域展开了咄咄逼人的攻势，争夺最后的丰富油气资源的斗争，很可能成为 21 世纪地缘政治的主题。[③]美国加紧对世界主要产油区域的地缘政治整合，在强化控制中东石油的基础上，又在中亚与非洲积极活动，将其列为美国国家战略利益重要内容，美国能源战略目的就是充分开发利用全球的油气资源；俄罗斯则持续不断地努力扩大自己的能源影响与控制力，意图利用俄罗斯独有的石化能源潜力，通过能源外交手段提高国家地位。其他国家也都积极实施自己的能源战略，开展多极能源外交，巩固既有来源地的同时，不断开发新产地资源。如，英国早就将投资重点转向俄罗斯、非洲和拉美；日本在各个

能源产区，特别是在未开发产区展开积极活动，着眼于全球能源资源的利用，坚持实施以保障能源安全为重点的外交策略，以及国内企业联合一致对外，参与国际竞争的做法，不断提高开发国外石油资源的份额。[④]

各国在能源领域的激烈竞争，彼此发生冲撞的机率也在潜生暗长，斯坦福大学的地球物理学家阿莫斯·努尔警告说："对石油需求的增加正在导致一场日益严重的全球冲突。"[⑤]

自 20 世纪末以来，随着世界进入新一轮的民族分离主义高潮期，特别是在多民族国家或地区，民族、宗教矛盾日益复杂、尖锐化，民族、宗教冲突频发，恐怖主义活动猖獗，而世界主要的石化能源产区及运输通道基本上都处于这样的地缘政治碎片化区域，这是在中、印等能源消费大国能源安全领域中极难应对的问题。

在中东地区，历经两次海湾战争的伊拉克，库尔德人问题仍难以解决，逊尼派和什叶派之间的矛盾也日益尖锐，"基地"组织分支活动依然猖獗，因此，国内安全形势一直处于持续紧张状态。今年 4 月间，巴格达、北部的基尔库克省、萨拉赫丁省、迪亚拉省等多个地区几乎同时遭遇连环爆炸袭击，共造成至少 35 人死亡，超过 150 人受伤。[⑥]受到此类事件的影响和冲击，伊拉克国内早已脆弱的石油输出基础设施，更是无法保证为石油产出服务。

"阿拉伯之春"运动对地区内能源基础设施的造成的严重破坏及所带来的长期政治动荡，

① "中国海外油气开发现状与态势"，http://news.cnfol.com/110311/101,1588,9478604,00.shtml；"非洲油气开发升温"，http://www.chinapipe.net 中国管道商务网 2012–4–16；"印度海外油气资源收购赶超中国"，http://www.chinacir.com.cn/2011_hyzx/269471.shtml。

② 约瑟夫·斯坦尼斯劳：《变革中的能源格局：21 世纪的最大挑战》，载于《国际石油经济》2008.7Vol. 16，No.7。

③ 唐河：《石油大战方兴未艾》，载于《决策与信息》2004 年第 12 期。

④ 金柏松：《经济全球化对我国能源安全构成挑战》，载于《上海证券报》2005 年 9 月 8 日。

⑤ 戴维·弗朗西斯：《中国铤而走险抢夺石油》，载于美国《基督教科学箴言报》2010 年 1 月 20 日。

⑥ "伊拉克教派及民族矛盾仍持续紧张"，国际在线 2012 年 4 月 20 日。

将阻碍域内外资本的油气投资，其石油产量与出口量下降，如利比亚石油出口基本处于停滞状态。因"伊核问题"所带来的西方对伊朗的打压与对其石油贸易的制裁，正在迫使其贸易对象国不得不寻找新替代源地。

在非洲富油的尼日利亚，因民族间历史积怨深远、矛盾复杂，造成政府和产油地部族在石油收益分配等问题上态度对立，针对油田和外国石油企业的绑架、爆炸事件频发，迄今，已经有不同国家、公司的100余人被绑架。这些暴力活动常常石油产量下降，开发成本上升，有的外国石油公司，如印度的一家石油公司不得不放弃在那里的开发。独立后的南苏丹，除石油输出通道受苏丹的阻碍，其内部的种族矛盾仍难解决，今年1月爆发的种族暴力事件中，超过3000人遭到屠杀，数万人背井离乡，[①]加之南北苏丹关系不稳，甚至由于利益的争夺而导致战争，势必会对这一地区的能源及经济利益构成严重冲击，对投资国及石油进口国存在很大的不利影响。而东非与西非近海地区也是海盗活动猖獗区域，2012年8月23日，就有28名中国石化公司的工人在尼日尔三角洲遭到海盗绑架，在这些海域的石油运输也受到经常性的海盗袭击威胁。

进入21世纪以来，20世纪70年代出现的能源民族主义持续升级。全球不到二十个国家掌握着95%石油资源，其中本土国家石油公司控制着油气的绝大部分储量（中东地区国家约为93%，俄罗斯为73%，拉美地区为83%）。[②]

而迅速增长的需求使世界能源格局转变为卖方市场。同时，各国政府将发挥各自的政治影响以支持本国企业。这是一种新的"实力加市场"形式。[③]在这种情况下，从俄罗斯天然气巨头Gasprom，到石油输出国组织成员国沙特阿拉伯，从南美到非洲，从欧盟在开放各国能源市场斗争中的妥协，到当年中海油收购美国尤尼科在美国会受阻，总离不开"能源民族主义"的身影。[④]

早在2004年，通过俄罗斯石油公司、天然气工业公司、海外石油公司的合并，国有资本就控制了俄罗斯能源，还以联邦立法的形式，将能源矿产审批权收归中央。2006年5月，在俄罗斯自然能源部的主导下，俄罗斯自然科学院的一些科学家就向政府提出建议，让俄国有企业"锁定"对能源企业51%以上的控股权，2008年3月21日，俄罗斯国家杜马通过一项法律草案，该法案的出发点，旨在限制想进入俄罗斯能源等关键领域的外国投资者。通过一系列的战略措施，俄罗斯确立了自己在全球能源体系中的中心地位，运用石油力量，把本国的丰富能源转化为强大的政治影响力。[⑤]

在波斯湾国家，自艾哈迈迪·内贾德任伊朗总统以来，伊朗石油行业加快了国产化进程，全面掌握石油从勘探开采到加工提料等各环节。科威特国家石油至今仍无法获得议会批准与外国公司合作就与这种情绪有关。实际上，科威特的油气开发严重依赖外国公司的技术和劳动力，但政治上的资源国有倾向使外国投资者的角色定位十分尴尬。[⑥]

---

① "南苏丹种族冲突致3000人遇害"，http://news.xinhuanet.com/world/2012-01/07/c_122549988.htm。

② 于宏源：《资源民族主义空间渐窄》，http://business.sohu.com/20120508/n342675183.shtml。

③ 约瑟夫·斯坦尼斯劳：《变革中的能源格局：21世纪的最大挑战》，载于《国际石油经济》2008.7Vol. 16，No.7。

④ "能源民族主义回潮的背后"，http://www.indaa.com.cn/pl2011/zxpl/201102/t20110215_582735.html。

⑤ "俄罗斯：能源民族主义表象的背后"，http://taoduanfang.blog.163.com/blog/static/2509171320083864739429/；于宏源《资源民族主义空间渐窄》，http://business.sohu.com/20120508/n342675183.shtml。

⑥ "阿拉伯之春将长期影响油市"，http://www.cnpc.com.cn/News/zzxw/xwzx/sycj/201210/20121015_C1340.shtml?COLL-CC=1562757417&。

近年来，拉美的石油国有化运动开展的轰轰烈烈。查韦斯领导的委内瑞拉自 2004 年起加强了国家对石油资源的管理。2007 年 5 月，国家石油公司（PDVSA）对奥里诺科重油带 4 个合资项目实现控股；2009 年 5 月 7 日，委内瑞拉颁布了《国家掌管石油行业基础活动相关资产和服务法》。次日，宣布国内 60 家石油服务公司全部交由委内瑞拉国家石油公司 (PDVSA) 接管。一些逃脱了此次"接管厄运"的石油服务企业巨头，都很担心自己将变成下一轮的"猎食对象"。[1]

根据 2006 年 5 月法令，玻利维亚国家石油公司将对全国的石油和天然气资源实行全面控制，所有在玻利维亚运营的外国石油公司必须在 180 天内同玻当局签订新的运营合同，否则就必须离开玻利维亚。[2] 今年 4 月中旬，阿根廷突然宣布对西班牙资本控股的石油企业 YPF 公司进行国有化。阿根廷希望借此能够改善能源贸易收支，重建国家财政。随着发现大型深海油田，巴西国内能源民族主义情绪正在日益增长。连续两任总统卢拉和罗塞夫修改了过去与外资企业签订的权益分成合同，转而由国营企业拥有 30% 以上的权益，且由国营企业担任主开采商，加强了国家对石油资源的管理。[3]

能源民族主义行为已严重影响国内外资本在相关国家油气领域投资上的稳定性，国外大型油企在上述产油国的退出或减少投资，石油开采技术受限，加之产油区地缘安全形势动荡、不确定等因素，使得世界原油产出受到的负面影响在加深，以原油价格为首的资源和能源价格动向更加波动。

总之，在 21 世纪，对于中、印这样的能源消费大国，其海外油气资源投资及能源增长空间的拓展面临更多的难题、更大的阻力。

二、中印在能源领域中的竞争与合作

在既定的国际能源体制及能源来源地相对少而集中的状况之下，缺乏能源话语权，加之自身新能源技术有限，国内能源消耗规模又呈现出巨大增长的趋势，中印两国无论在传统能源还是新能源领域都显示出积极竞争的态势。

自上世纪晚期以来，中印都制订了积极的能源战略、政策，全面加强与资源出口国之间的关系，积极开展能源外交，不断开拓新的油气供应源地，努力获取在能源输出国家或地区的能源采购权或经营权，致力于建立自己的能源供应体系。

近些年来，为保证能源供应稳定，印度加大了在实际投资与政策方面的支持力度，以期帮助本国能源企业在占有国内市场的同时，增强其国际竞争力，不断扩展海外市场。目前印度已经开放国内能源勘探市场，勘探损失可在其他业务费用中扣除，允许亏损期 8 年。同时，印度大幅降低或稳定能源及其相关设备进口关税，原油进口关税减少到 5%，汽油和柴油的进口税减少到 10%。为减轻国际石油价格波动的影响，除鼓励本国国营石油公司购买外国油田股份外，印度政府还制定优惠政策，吸引外资、私营和国营企业投资勘探和共同开发新沉积岩层。2006 年 3 月，印度第六轮"新勘探许可政策"促进了印度国内石油企业与海外石油企业联合投标。为加强能源基础设施建设，保障能源安全，建立国家石油战略储备机制。自 2007 年至今，已完工、在建有三座原油战略储备基地。从 2012 年至 2017 年间，还要建设 1250 万吨战

① 于欢：《委内瑞拉石油国有化或令产油量锐减》，《中国能源报》2009 年 5 月 18 日。
② "玻利维亚宣布石油国有化"，http://news.sohu.com/20060503/n243102484.shtml。
③ "日刊：南美"资源民族主义"重燃"，http://news.xinhuanet.com/world/2012-07/13/c_123406649_2.htm。

略存储设施。①

"印度石油外交的重点之一是通过竞争与合作获取地球所剩石油资源。印度政府为企业开道，在产油国拓宽合作领域，加快海外油气收购和勘探开发步伐"。②印度国有石油公司从自 20 世纪 90 年代中期便开始积极购买国外石油公司或油气田的所有权。1996 年印度石油天然气公司成立了专门负责购买和开发海外资产的子公司——维迪什公司，以购买石油上游资产。印度的国有石油公司与国内外私营和国营公司建立"伙伴关系"，共同开发海外的油气资源。例如，2005 年 12 月，信实工业有限公司与中国海洋石油公司达成协议，共同在非洲进行石油勘探。③近年来，印度政府在修建 LNG 进口接收站的同时，还谋划与多国合作建设三条能源运输管线。

中国的油气可采储量与产量都远较印度优越，但随着石油和天然气的消耗比重的进一步增加与进口油气幅度的巨增，为了更有效统筹国内能源供给，中国政府制订、出台了一系列有关能源法规并于 2010 年 1 月成立国家能源委员会，最近又对外公布了中国的能源政策白皮书。同时，中国在各能源领域加大了开发力度。

中国的能源技术实力较强，陆海油气勘探与开采，油气资源开发与利用能力较完备。因此，中国在能源领域的国际合作非常广泛。迄今为止，中国能源国际合作基本涵盖了大部分领域，已与全球 40 多个国家和地区开展了勘

探开发、炼油化工和管道项目合作。除石油、天然气和煤炭领域外，已经进入铀、风能、生物燃料、跨国电力传输，以及节能技术、诸多领域。从单一的上游勘探开发，逐步拓宽到上下游一体化合作，包括炼化、加工、储运、销售等。中俄原油管道、中哈原油管道和世界上最长的中 - 中亚天然气管道都已经生产、投入商业运营。此外，中缅原油和天然气管道建设也已经跨越中缅边境。中国同委内瑞拉、巴西签署了贷款换石油的一揽子合作协议。西北、西南、东北及海上四大石油战略通道基本就绪，初步形成哈萨克斯坦、印度尼西亚等较大规模的海外油气生产基地，基本实现能源供应来源的多元化并建立起从非洲到南美的石油供应网路。

中国已经与 36 个国家建立了双边能源合作机制，参与了 20 多个国际能源合作组织和国际会议机制，如中美能源政策对话与油气论坛、中俄能源谈判机制、中哈能源分委会等。对象国从初期的周边邻国、中东，逐步扩展到中亚、非洲、美洲、大洋洲等广大地区，覆盖了世界主要能源消费国和生产国。迄今，中国的国有石油企业拥有在 50 个国家超过 200 个能源项目。④

就客观因素来讲，两国进口石油源产地比较集中，如中国进口石油总量的 50%，印度进口石油的 65% 都来自中东及波斯湾地区。两国关注或开展能源外交的方向大多重合，印度海外石油活动的主要地区恰恰也是中国能源拓展或开展能源外交与合作的利益重心所在。⑤因

---

① 赵殿玉：《中印两国能源战略的博弈》，载于《经济师》2008 年第 05 期；"印度拟有条件允许私企介入原油战略储备"，《环球时报》2012 年 10 月 18 日。

② "追逐能源 印度四面出击"，http://www.time-weekly.com/story/2010-03-17/106134.html。

③ 王耀东：《印度能源战略呈扩张态势 印俄油气交易越做越大》，载于《文汇报》2005 年 2 月 26 日；马加力："能源压力日益严峻 中印能源合作符合共同利益"，http://www.ciges.org/news/jrny/2010-03-28/9079.html。

④ "60 年来中国能源供应从'自给自足'走向国际合作"，http://www.gov.cn/jrzg/2009-08/20/content_1397508.htm；John Lee, Charles Cull，中印能源之战火热升级，http://article.yeeyan.org/view/169582/159584。

⑤ 同上。

此，中印之间的能源竞争集中度非常高。

例如在波斯湾地区，伊朗是中国在该地区的第二大石油供应国，中国是伊朗油气领域最大的投资者。而印度与伊朗在石油领域的合作也非常密切，伊朗是其在中东地区重要的石油、天然气供应国。

近些年，中国与印度尼西亚能源合作关系发展较快，而印度也积极在此谋利，印度所属石油公司与中国石油公司竞购印度尼西亚最大的上市石油及天然气公司 PT Medco Energy International 38% 的股份；两国还在缅甸展开争夺。2010 年，两国又同时竞投委内瑞拉的 3 块油田。

在中国传统能源战略地域如非洲与俄罗斯，印度也积极插手。印度在俄罗斯的萨哈林－1油田投资了 17 亿美元，还计划投资 15 亿美元开采萨哈林－3 天然气田，并投资 15 亿美元与俄方合作开发里海俄罗斯和哈萨克斯坦联营的库尔曼加兹油田。① 在非洲，印度与安哥拉、苏丹、尼日利亚、乌干达等国家达成 3 亿美元的投资协议并与安哥拉签署联合开采和冶炼工程协议，而安哥拉是中国的第五大石油供给国。印度在苏丹石油勘探和开发领域的投资已超过 15 亿美元。

在人们看来，好像中国的石油公司走到那里，印度的石油公司也出现在那里，双方在开发与购买油气资源方面，竞争非常激烈。但因实力因素，竞争的结果多为中国占据占上风。如，在对缅甸油气资源开发的争夺上，中国率先与缅甸签订了一项谅解备忘录，达成为期 30 年缅甸向中国供气协议。② 其后，又因技术原因退出中缅油气管道建设。在非洲，由于中国的投资远超印度，所以，印度在此取得的收益也远不及中国。如中国已经同意向安哥拉提供达 100 亿美元贷款，而印度贷款只有 7000 万美元。2009 年，在印度国营石油天然气公司 ONGC 几乎要和壳牌石油公司签约时，中国与安哥拉政府达成协议，向安哥拉提供 20 亿美元的援助项目，从而促使安哥拉国营 SONANGOL 石油公司出面，动用其优先购买权，买下壳牌公司手中的产油地段。印度《石油观察》主编奈南也就此表示，近来几乎每笔重要交易中，印度公司都被中国大陆公司所击败。③

但这样的激烈竞争，也常使中印两国付出高昂的资本，远远超出了经济成本原则限度。在非洲，2004 年，中印两国所属的石油公司在安哥拉一处油田开采竞标中展开激烈竞争，最终是以中国方面用远超标底的 20 亿美元的"石油还贷"作为条件，"以天价"取得开采权；也是由于印度的加力竞争，最后是中方以 25 亿美元的价格获得乌干达两块油田的开采权。在亚洲，2005 年 8 月初，由于有来自印度一方的积极竞购，最后是迫使中石油以 41.8 亿美元中标收购哈萨克第三大石油生产商加拿大哈萨克石油公司，中方另外要向哈方提供 20 亿美元的开发援助。在美洲，2005 年 9 月，印度石油天然气公司所属 OVL 公司与我国中石化和中石油联合组成的财团竞购加拿大能源公司在厄瓜多

① 中印能源竞争激烈，印度步步紧逼，http://www.3158.com/news/2011/01/20/1295509607461.shtml；法媒：印加紧同中国争夺非洲能源，http://news.chinaiiss.com/html/20114/22/a377c9.html；印度加紧到非洲抢能源 打好基础紧盯中国，http://www.cnr.cn/allnews/201002/t20100205_505994629.html；王弥：中国与印度打响抢油大战，《世界报》2010 年 7 月 27 日。

② 耶斯尔：中国与印度、巴基斯坦和伊朗能源合作现状及前景，http://www.xjass.com，2008 年 07 月 09 日；印记者说印度寻求与缅甸合作旨在应对中国的能源竞争，http://www.cetin.net.cn/cetin2/servlet/cetin/action/HtmlDocumentAction?baseid=1&docno=342009。

③ 法媒：印加紧同中国争夺非洲能源，http://news.chinaiiss.com/html/20114/22/a377c9.html；

王弥：中国与印度打响抢油大战，《世界报》2010 年 7 月 27 日。

尔的 5 块油田资产，中方以 15 亿美元中标。[①]

由于亚洲主要石油进口国对中东石油依存度高达 70%，进口油源单一，加上亚洲地区能源对话松散等因素，中东石油输出国长期执行"亚洲溢价"。在国际原油市场价格居高不下的情况下，仅不公平的"亚洲溢价"一项，就使亚洲石油消费国每年向石油生产国多支付 100 亿美元。[②]印度前石油天然气部长艾亚尔曾就此说到："心满意足跑到银行数钱的是那些利用两个潜在买家的竞标，白白赚取数亿美元的家伙们。"

作为当代的能源需求大国，中国与印度非常关注彼此在能源领域的基础实力与国际拓展活动并开展了一些合作。中国自 20 世纪 80 年代就开始向印度出口煤和焦炭，目前，来自中国的焦炭已经占有印度 80% 以上的市场份额，还有一些企业到印度开展能源工程承包等。[③]进入 21 世纪以来，两国有关部门和单位开始在第三国协作勘探和开采石油天然气资源。2004 年，中印在苏丹"大尼罗河项目"中通过采取分别买入股份的形式，成为事实上的合作伙伴。2005 年 12 月，两国石油公司第一次联手以 5.73 亿美元收购加拿大石油公司在叙利亚的一处石油资产 37% 的股份。印度石油天然气公司还与中国石油化工集团公司在伊朗共同开采雅达瓦兰油田，其中中国控股 50%，印度控股 20%。2006 年 8 月中印再度联手买下哥伦比亚一油田

50% 的股份。中印还在哈萨克斯坦开始合作开采石油。2005 年 2 月 22 日，印方投资 2.43 亿港元入股中国燃气公司。2006 年，印度苏司兰风能公司进入中国市场并与巴林的雅卡银行合作，收购了中国宏腾能源公司，其在中国市场持续投资已经高达 30 亿美元。

此外，多边的能源对话也成为中印进行合作的舞台。例如，2004 年 11 月，印度邀请中国、日本和韩国的代表在新德里召开会议，希望集体与中东石油供应商谈判，以便降低石油溢价。2005 年初，印度举办亚洲石油经济合作部长圆桌会议，邀请中国等参加，讨论共同应对"亚洲溢价"和石油安全问题。2006 年 12 月 16 日，中、美、日、韩、印五个能源消费大国的能源部长在北京开会，共同探讨如何维护国际能源市场的稳定和能源安全的问题以及如何形成合作而非竞争的关系。另外，中印俄三国峰会和外长对话也提出了如何加强三方能源合作的问题。[④]通过这样的场合，中印也向国际社会宣扬自己的能源主张与战略考虑。

但同时也应看到，中印能源合作的品种、规模、领域都非常有限，与两个能源消费大国的地位很不相称。[⑤]就彼此能源市场开放度来看，中国对印度开放较大，而除少量太阳能及风能设备进口外，印度对中国相关能源技术及产品的市场开放极其有限，还有专门针对中国技术及产品的限制措施。主要是由于两国经济

① 耶斯尔："中国与印度、巴基斯坦和伊朗能源合作现状及前景"，http://www.xjass.com，2008 年 07 月 09 日；"中印在能源领域虽有合作仍是竞争激烈的对手"，http://hi.baidu.com/worldwatch/blog/item/74baaff7f43784d5f3d385ce.html；"中印能源竞争激烈，印度步步紧逼"，http://www.3158.com/news/2011/01/20/1295509607461.shtml。

② "中印能源安全现状与合作前景"，http://www.ce.cn/cysc/ny/jdny/200706/18/t20070618_11795100.shtml；"中国与周边国家能源大博弈 中日印并非水火不容"，http://www.qingdaonews.com/content/2006-01/09/content_5837266.htm。

③ 赵殿玉："中印两国能源战略的博弈"，http://61.145.69.7/index/showdoc.asp?blockcode=sjnap&filename=200808201046。

④ 马加力："能源压力日益严峻 中印能源合作符合共同利益"，http://www.ciges.org/news/jrny/2010-03-28/9079.html；杨跃萍："推进中印能源合作有利实现共赢"，http://www.sinopecnews.com.cn/info/2005-06/10/content_255129.htm；"印度风电企业董事长看好中国新能源市场"，http://news.sina.com.cn/green/p/2010-07-27/141120767242.shtml。

⑤ 赵殿玉："中印两国能源战略的博弈"，http://61.145.69.7/index/showdoc.asp?blockcode=sjnap&filename=200808201046。

的迅速发展所导致的对石化能源需求及依赖度的快速增长及其他多种主客观因素影响，中国与印度在能源领域的关系还是呈现出竞争为主的态势，这也成为维护及争取扩大两国在国际能源市场上合理权益的障碍之一。

三、中印在能源领域拓展、深化合作的路径

（一）构建对话、沟通的平台或机制

中印两国政府对能源问题给予了高度重视并进行了积极对话与讨论。在2005年4月，中国总理温家宝访印期间，两国政府同意在能源安全和节能领域开展合作，包括鼓励两国有关部门和单位在第三国协作勘探和开采石油天然气资源。在温家宝总理2010年12月访问印度期间，两国政府再次将能源列为沟通协商的重点。2006年11月20日至23日，胡锦涛访问印度时，两国宣布，鉴于能源安全对于产油国和消费国均是关键的战略性问题，建立一个公平、公正、安全、稳定并能惠及整个国际社会的国际能源秩序符合各方的共同利益。双方将就促进全球能源结构多元化和提高可再生能源比例展开双边和国际合作。

2006年1月，时任印度石油部长的艾亚尔率领印度天然气代表团访问中国。访问期间，双方签署了5份文件，以加强油气领域的合作，两国政府还同意展开年度能源对话。此外艾亚尔建议，中印双方应该加强在非传统油气资源方面的合作开发力度，还有在清洁油气资源产品的商业化方面的合作。

2007年5月15日，中印两国学者在上海集聚，召开"中印能源对话"研讨会。围绕"中印经济安全"、"中印在国际油气市场的合作"、"提高能效与可再生能源"等双方感兴趣的热点问题进行了深入探讨并形成共识。中印学术

界的介入，更广泛发动社会智能，为推动中印能源合作，提供更多、更好的对策建议，为两国的能源对话沟通提供扎实的理论支持，理应作为一个重要环节。

中印之间能源对话与沟通的开展与深入，使得双方获得的共识逐渐增多，释解了一些嫌隙与误解，并且清楚地认识到彼此在能源领域的恶性竞争所带来的诸多负面效应，也有力地推动了双方企业在国际能源市场中的合作，通过这些磋商与对话，两国也努力避免使彼此的能源竞争走向政治化。

国家利益是由理念建构的，它由国家对国际状态的认知和理念以及国家间互相影响的关系塑造而成，也可以因理念和关系的改变而改变。[①]因国内经济快速发展，导致中印对石化能源的依赖度强劲上升，加之来源地的相对集中及两国间互信赤字，促使两国在能源领域的态势是竞争大于合作，双方合作所获取的收益甚至不足以弥补双方合作之所失。因此，两国政府及相关企业、学术界应该适时转变与创新能源发展与竞争理念，开展经常化的能源对话与沟通，加深和充实对话与沟通的主题与内容，在增强对现存国际能源秩序规则承受能力的同时，探讨如何持续加深能源领域内的全方位合作及两国联手增强能源话语权的方式或途径，最终达到削弱或避免两国在能源领域陷入恶性竞争的境地。

（二）能源传输管道建设

如果双方在能源领域的实际合作项目不断增多，层次进一步全面扩展，则会使双方能源关联度变得愈加密切，可使双方在能源上的竞争态势趋低。

目前中国与印度石油进口绝大部分经过海路，但自冷战结束以来，西方加强了对世界主要海上运输通道的控制。加之，国际恐怖主义

---

① 朱天飚：《比较政治经济学》，北京大学出版社，2006年版，第101页。

活动频繁，世界主要航线上的海盗活动也十分猖獗，海上运输能源的风险一直在增大。因此，近年来，中印非常重视油气传输通道安全，积极与能源来源地国家及相关国家谈判、协商建设能源运输管道，以确保能源运输的安全并降低运输成本。

中国与印度进口能源的一半以上是来自中东与波斯湾地区，主要依靠印度洋航线来运输。但自冷战结束，尤其是进入21世纪以来，环印度洋地带国际政治形势多变，海盗活动特别猖狂，严重威胁着此区域海上能源运输的安全，相应的成本也持续上涨。为此，中印都与相关国家合作建设连接波斯湾及远至中东、里海等地区能源产地能源运输管道的战略构想，并正在积极进行实际运作。

印度方面欲建设两条天然气管线，一线是起至伊朗，中经巴基斯坦到印度，另一线是自土库曼斯坦，经阿富汗、巴基斯坦到印度。

其中，土印线自2005年1月，印度经多次与土库曼斯坦、阿富汗磋商，就启动后一直处于难以进展状态。其因一是源地产能难以满足需求。目前，土库曼斯坦天然气年产量约660亿立方米，可供出口约500亿。2010年，土向俄出口约100亿立方米，但正常情况下应在300亿立方米；中土天然气管道到2012年通气量为400亿立方米；土库曼斯坦每年还向伊朗提供200亿立方米。而TAPI管道出口量应达到330亿立方米，这早已超过了土国天然气年产量。二是政治、安全方面受阿富汗局势不定及印巴关系走向的影响。该管道途经一向被视为塔利班"大本营"的阿富汗坎大哈市，使其施工及未来运营的安全面临极大的威胁；而印巴关系

至今仍是个"死结"，一旦出现危机，巴方会随时中断工程或运营，土库曼斯坦所处中亚地区的形势也一直处于不稳定状态，未来也难以断定，还有俄罗斯方面的考量也是问题。再就是四国财政、工业基础能力都非常有限，加之管道工程所经地区，地质条件复杂，需穿越多个隘口，气候恶劣，需要建设方要有先进工艺和在亚洲修建天然气管道的实践经验，四国的工程技术能力似难以满足。

因为土印管线存在太多的难题与变量，所以在努力推进该工程的同时，印度非常重视不经过阿富汗的伊朗－巴基斯坦－印度天然气管线。但由于印巴关系持续紧张，其间又遭到美国阻拦，一直无实际结果。2008年，印度宣布退出伊印线三方谈判。[1] 在伊朗印度第16届经济联委会上，印伊双方计划建设一条跨越阿拉伯海的海底输气管道，以彻底消除过境巴基斯坦带来的不确定性。印度外交秘书拉奥琪认为，伊朗的重要地位还体现在其可作为中亚国家向印度输送能源的"中转国"。[2]

中国方面，因来自中东与波斯湾地区的能源海上运输线路更长，而且要经历印度洋及南中国海两个海盗活跃区域，所面临的地缘政治环境变数更加不确定，所以，安全系数更低，成本也更高。中国一直在谋划缩短能源运输路线，或寻找更便捷、安全的路线。近几年来，中国与伊朗之间的油气贸易已经成为双方经济合作的核心内容，2011年我国从伊朗进口的原油数量占总进口数量的10.99%。[3] 中国也有意建设一条能够连接伊朗能源产区的油气管线，当情势允许时也可将其延长，将其与中东能源产区连接。2011年5月，伊朗政府与中国石油

① "伊朗－巴基斯坦－印度天然气管道明年开建"，新华网2008年4月26日；《印度挤入中亚能源棋局成为列强排挤中国棋子》，载于《世界报》2011年2月5日。

② "伊朗－巴基斯坦－印度的天然气管道项目开工"，http://www2.irna.com/ch/news/view/line-43/1008237224200927.htm；印度拟建海底管道直接从伊朗买气，http://www.douban.com/group/topic/12638634/。

③ "欧盟对伊朗石油禁运7月启动 中国原油进口量难受影响"，http://news.hexun.com/2012-06-28/142930277.html。

化工股份有限公司签署了一份价值160亿美元的天然气协议。协议内容将包括开发伊朗北法尔斯海上气田以及建设液化天然气输送设施，用以将液化天然气出口至中国。[①] 如此，中国与此地区相关国家合作建设这样一条管线的意义就更加凸显。

中国与巴基斯坦关系友好、密切，同时，中国有足够的资金与技术能力，有着丰富油气管道工程建设经验。因此，早在土印线推进困难时，巴基斯坦就有让中国介入建设的想法。2011年3月13日，巴基斯坦外交部发言人萨迪克在伊斯兰堡举行的新闻发布会上表示，巴基斯坦欢迎中国加入伊朗–巴基斯坦–印度天然气管道项目。此前同，2010年10月，巴基斯坦政府曾对外界宣布，决定修建一条连接瓜达尔港和中国新疆的天然气管道。这条天然气管道可以将来自中东、西亚和非洲的天然气输送到中国。[②]

缅甸天然气储量位居世界第十，近年来，中印等国都把相当精力用在缅甸能源开发上。早在2005年印度就计划建设由缅甸经孟加拉进入印度的第三条天然气管线–印缅线。2005年1月中旬，缅甸、印度和孟加拉国的能源部长在仰光达成修建缅孟印跨国天然气管道的共识，并商定于当年3月份在孟加拉国首都达卡签订正式合同，当时预计3年建成投产。但之后，印度和孟加拉国没能就修建跨国天然气管道的条件达成一致，正式协议迟迟未能签署，印缅线至今没有实际开展起来。原因在于印度拒绝了孟加拉国经印度从尼泊尔和不丹进口电力及提供孟加拉与其他国家开展经济贸易活动的基地等要求，加之两国间的恒河水资源争端；孟

加拉还认为，在国际社会印度不能给其有力支持，所以，孟加拉政府就不允许印缅线过境孟加拉。而管线所途经的印度东北部地区民族分离主义活动猖獗，这条管线的安全性也难以保障。印度一度想设计一条绕路孟加拉的管线，因地理条件更加复杂，难以建设。

在印缅管线进展艰难之时，中国与缅甸的相关能源合作进展快速。中国与缅甸两国间协议建设原油与天然气两条管道，两条管道都起自缅甸皎漂市，从云南瑞丽进入中国，天然气主要来自缅甸近海油气田，原油主要来自中东和非洲。中缅油气管道建设计划早在2004年提出，虽然中缅油气管道也面临诸多风险与不安全因素，但因管道的建成将大大降低中国能源进口的海上风险，所以中方还是下决心建设。2009年3月26日，中缅双方签署《关于建设中缅原油和天然气管道的政府协议》。2010年6月，中缅油气管道正式开始动工建设。目前，整个工程的各部分项目进展都比较快，已经跨越中缅边境，预计2013年上半年会全线完工。

对于中国与印度，上述能源管线所经国家与地区不仅是能源利益会聚之地，而且关涉地缘政治、安全利益、政治互信等等前所述的影响两国能源关系的困难问题。上述管线所经地区还是恐怖主义、民族分离主义活动区域，对能源管道运行的安全有着极大的威胁；加之地质情况复杂，所需技术实力与成本较高。但同时，这些也为两国弱化竞争扩展合作，进而化解某些矛盾或问题提供了难得契机。

如果我们将目光集中在南亚次大陆区域，那么中印在能源方面互有优势点。印度的最大优势即是其所处地缘区位，但其与周边国家或

---

① "伊朗与中国能源合作签署百亿美元天然气协议"，http://www.xagas.com/Content.aspx?ID=744。

② "巴基斯坦表示欢迎中国加入伊巴印三国天然气管道项目"，http://www.ccpit.org/Contents/Channel_62/2008/0215/88231/content_88231.htm；"外媒：中国或取代印加入IPI天然气管道项目"，中国经济网北京2月8日讯；"巴基斯坦决定铺设至中国新疆天然气管道"，中国经济网2010年10月26日。

地区的穆斯林国家的关系障碍使其能源管道运输安全系数不高，具有某种程度上的不可预测性。印度自身的经济实力、能源管道建设经验、技术及地质勘探技术都弱于中国。反之，中国则有更多的非地缘优势，特别是与该区域的国家关系良好或密切，如果有中国参与，除会保证相关工程的技术保证与建设进度外，还会大大提高该区域能源管道建成投产后的运行安全。中印联手之后也可更好地抵御恐怖主义与民族分离主义势力的对能源管道运行安全的威胁。

而且，中国已经构建起与其北部及西部主要能源产地之间的管道运输体系，这应该是为与靠近中东与波斯湾能源库的印度在此方面进行合作的重要的基础条件。对此，印度方面也已经有所认识。印度媒体指出："中国的加入将会确保管道的安全。因此，从某种意义上说，中印能源合作将会为保证印度能源引进增加安全系数。"有印度舆论甚至提出印度应让所有石油管道都通过中国，希望通过与中国的合作增加其石油管线的安全系数。

中国的介入，就南亚国家间在能源领域的合作问题发挥协调作用，可进一步扩大毗邻地区或国家能源合作同时，会大大缩减能源运输的安全成本，也有利于中印在其他领域关系的改善。而且，印度如果淡化两国间的政治问题，调整所谓不安心态，以积极的姿态与中国在领域开展合作，还有利于推进其所设想的南亚能源区域联盟计划，进一步改善自己地区能源地位。

再就是在此方面合作的进行，会使两国政府及企业之间彼此交流、学习，积累经验，了解、理解双方的理念，增进情感，减少不必要的相互制约因素，这样会更有利于促进两国企业联合进行海外投资开发，以达到整合资源，避免竞争造成的内耗和低效，甚至形成长期、稳定的战略伙伴关系，真正获得双赢。

（三）新能源领域的合作

进入21世纪以来，世界上的主要国家、地区更是纷纷选择能源产业作为其经济发展的重要推动力或经济振兴的核心。尤其是以美国为首的发达国家，在巩固传统能源供给安全的同时，积极推动国内新能源政策，加大对新能源及可再生能源领域的投资，加快这些领域核心及相关技术的开发与应用，为掌控即将到来的低碳经济时代未雨绸缪。

中国与印度以油、气、煤为主的能源消费结构，不但日益增加其对外能源来源的依赖度，在增加全球能源供应压力的同时，在环境保护上也承担着极大的国内外压力。因此，两国都将开发新能源与可再生能源视为最终解决能源需求的主要能源战略方向。在这一领域，除两国都拥有巨大的市场因素外，两国的新能源技术及产品的开发与生产都有长足的发展，存有技术互补条件，相互间的合作开展得也比较好。

比如，中国在可再生能源领域、核能、太阳能、光伏电池及制造高端、大型设备方面领先印度，在新能源领域的投资也非常巨大，所以新能源技术进步很快。印度新能源发展规模和速度离其预想目标甚远，但在能源软件及风能领域有其优势。因此，未来两国可以在新能源领域开展更加广泛的合作。印度前环境森林部部长苏拉什·帕拉胡表示，中国和印度将在未来25年中用掉全球58%的能源，如果双方能携起手来，创造或找到新能源，两国的能源消费结构将会更加合理。[①]并且，两国合作还可互用所长，共同增强新能源技术及产品的自主开发与发展能力，进而可避开发达国家的知识产权壁垒，降低开发与应用成本，甚至最终解决

---

① "第二届中国印度论坛在京举办中印新能源合作潜力巨大"，《中国环境报》2010年5月18日。

两国的能源瓶颈状况。两国间还可以在开展深层次合作的基础上，联合开拓第三方市场，扩大两国新能源技术及产品的在国际市场上的占有率。

因此，相较于传统能源领域竞争为主调的态势，未来中印在新能源领域的合作可能会出现合作为主、竞争为辅的局面。

（四）推进中印俄间的能源合作合作，构建更大区域能源供销体系

中印俄早就认识到三国间具有开展能源合作的潜力，在2006年7月三国首脑会晤中还谈到了在三国间建设跨国能源管道问题。

中印与俄罗斯的政治经济关系都比较好，也都有能源方面的合作项目，但印度与俄罗斯两国避开中国建设一条能源管道根本就无任何可能性。如果在三国间建设这样一条管道，除铺设技术不成为问题外，在今天看来，也具备了多个有利的基础支撑条件。只是需要中印双方，特别是印度一方能有更高的战略眼光或站位，或者一定要将经济问题非政治化，即可进入实际操作。如果是那样一种情势，则可构建出一个更大的区域能源运输体系，即联系印度或南亚地区，中国、俄罗斯，再及中亚、中东地区的能源供销体系。其上游是目前世界最大的能源产出区域，也有人称之为"世界能源供应的心脏地带"，下游则是世界上最大的能源消费国家或区域。中印与俄罗斯、中亚与中东的产油国都有油气开发合作，特别需要安全便捷的运输通道或网络。

目前，除上述正在热烈讨论的中巴之间的"能源走廊"计划及中缅油气管道建设外，中国与俄罗斯间，中国与中亚、里海间的能源管道俱已建成投产，而且与这上述区域国家的能源合作还在扩展。除原有的中俄、中蒙铁路连接线外，中国国内通往西藏的铁路也早已建成运营，目前还在积极推进连接东南亚一带的泛亚铁路设想。实际上，上述跨区域能源供销体系的构建只差中国与印度之间的连接线建设的实际运作。

如今，构建这样大的一个区域能源供销体系已经有了一个既成、有利的信息沟通、谈判平台，即是现有的上海合作组织。自2005年7月5日上海合作组织在哈萨克斯坦首都阿斯塔纳峰会上接纳了印度、巴基斯坦和伊朗为观察员国后，基本覆盖了这一区域能源运输体系所涉及的国家。在上海合作组织框架下建立的区域能源合作机制，其范围将十分广泛。例如：制定区域能源合作战略规划，协调成员国的能源政策与投资方向；开展国际能源信息与节能及新技术的交流，构建区域内能源信息平台；共同推动油气管网体系的建设，保障油气输送层面的安全等诸多方面。如果这一设想能够实现，这将是世界上第一个拥有能源生产国与消费国间广泛联系的超国家区域合作体系。它还会大大提高中印能源的保障度与能源话语权，增强两国在能源价格博弈方面的能力。

中印都认为在能源领域的共同利益大于分歧。正如印度前石油与天然气部长艾亚尔所说，"中国和印度在许多情况下是可以进行能源合作的，中印两国在能源方面是合作大于竞争"。[1]虽然目前中印在能源领域的竞争度还很高，但随着全球能源需求压力急剧上升，加之全球金融危机的冲击及产油区地缘政治形势的动荡，为确保充足、可靠、环保和价格合理的能源供给，开发新的能源生产与利用技术及产品，着眼未来，中印应该会加强能源领域的合作，尽力减少或避免发生冲突或不良竞争甚至恶性竞争，共同协作抵御能源来源风险，追求互利共赢的能源格局。⑤

---

① "中印合作：构建亚洲能源新版图"，http://finance.sina.com.cn/roll/20050405/08151487670.shtml。

保护国家经济安全　延展企业国际化道路

周　密

(商务部研究院跨国经营研究院，北京 100710)

在市场对资源的配给发挥越来越重要作用的今天，维护国家的经济安全，已经不再仅仅是政府的事情，也不仅仅局限于外资并购国内产业所造成的安全问题。作为经济细胞的广大企业，在国际化的时候也需要努力保护国家经济安全，以实现自身利益与国家利益的和谐统一，中国经济与东道国经济的互利共赢。1997年东南亚金融危机对东南亚经济造成了巨大的打击，无论是国家的政策体系、汇率制度，还是企业的资产价值、正常运行都受到严重打击。而 2007 年以来美国的次贷危机更是席卷全球，成为原美联储主席格林斯潘所称的"世纪金融风暴"。

一、 保护国家经济安全，实现国家与企业的共同发展

保护国家经济安全，既是中国经济可持续发展的必要条件，对企业也有着重要意义。维护国家的经济安全，不仅是企业需要承担的义务，而且是企业生存和发展的重要基础和保障。

（一）国家经济安全的含义与范畴

20 世纪 60 年代，一些美国学者开始关注两大军事集团对峙导致的各自的经济利益问题，成为战后国家经济安全的萌芽。在随后的石油危机、墨西哥金融危机、东南亚金融危机、北约对南联盟实施军事打击、美国出兵阿富汗和伊拉克的各种历史事件时，经济安全逐渐成为全球广泛关注的问题。

一般而言，经济安全是指国家对来自外部的冲击和由此带来的对国民经济重大损失的防范，是一国维护本国经济免受各种非军事政治因素严重损害的战略部署观念，包括国家经济生存和发展面临的国际国内环境、资源供给安全、金融安全、产业安全、经济活动全过程和各方面的安全、经济主权和经济利益安全、经济发展和经济运行安全等。

（二）维护经济安全是中国可持续发展的必要条件

经济基础决定上层建筑，一国的经济安全与其军事安全、政治安全的紧密关联。在经济全球化的时代，大型跨国公司力量的增强，对国家、地区，乃至全球都产生了深远的影响。各国各种生产要素的流动日益频繁，全球产业链条上的各个环节都在利用其自身的比较优势，进行全球产业分工和配合。为了提高效率，产业内和产业间分工不断细化和专业化，也使得供应链条变得更为脆弱，各方的相互依赖性更强。

改革开放 30 年来，中国在向世界开放中获益，国民经济快速发展，产业实力不断增强，逐步确立了全球"制造中心"和"生产基地"的位置。然而，在 GDP 快速增长的同时，中国

的国家经济安全形势不容乐观。大宗能源矿产资源价格快速上涨，贸易保护主义的兴起，以及保持金融的区域乃至全球性动荡都直接影响着中国经济的可持续发展。保障和维护国家经济安全，尽量减少外部不利因素的冲击，是中国经济增长、社会稳定和可持续发展的必要条件。

（三）保障国家经济安全是中国企业国际化的重要保障

自 2000 年中央提出实施"走出去"战略以来，中国企业的国际化快速发展。而加入世贸组织、积极参与各类区域贸易安排，为企业国际化提供了重要的平台，各项对外经济合作业务快速发展，始终保持快速增长。2007 年，中国对外直接投资达到 265.1 亿美元，对外工程承包新签合同额和完成营业额分别达到 776 亿美元和 406 亿美元，对外劳务合作派出劳务人员和年末在外劳务人员分别为 37.2 万人和 74.3 万人。

尽管如此，中国企业仍总体处于国际化的初级阶段，成功实现国际化战略发展目标仍需要以保障国家的经济安全为基础。首先，企业的国际化程度总体不高，国内业务在企业全球业务领域仍占据重要比例，是企业利润的重要来源，中国经济安全与否关系到企业的生死存亡。其次，大多数企业的"走出去"目前仍主要服务于国内，通过"走出去"，增强生产能力，提高技术水平，拓展销售网络或保障上游原料供应。第三，即便是国际化程度较高的企业，中国作为目前全球人口最多、经济增长最快的国家，也必然是企业业务发展不可忽视的市场。

（四）中国的经济安全的主要领域

人们习惯地认为国家经济安全问题主要发生在外资进入国内时，但随着经济全球化的发展，国家的经济安全实际上已经涉及了更为广泛的领域。从全球视角看，影响中国的经济安全问题还包含了各种不利于经济可持续发展的因素。

能源资源供给是影响一国经济发展的重要因素，最近一轮的石油价格上涨引发了全球的通货膨胀。与西方发达国家为维系高消费水平的高能源需求不同，处在快速工业化的中国需要加工、制造或生产各类工业产品和消费品，以满足全球市场的需求。因此，能否保障能源和资源的稳定持续供给，关系到中国经济能否健康发展。

中国经济受国际贸易的影响巨大。2007 年，中国进出口达 2.17 万亿美元，按照 1：7 计算，占到当年 GDP 的 60.9%。各国经济增长放缓引发贸易保护主义抬头，中国已经连续多年为 WTO 成员中受贸易摩擦影响最大的国家。因此，维持贸易渠道和贸易环境对于中国经济发展和产能的有效利用意义重大。

伴随贸易产生的国际金融市场的规模早已远远超过国际贸易，虚拟经济与实体经济的规模差距不断扩大。自布雷顿森林体系瓦解后，通货膨胀的控制难度更大。尽管目前中国的金融市场尚存在资本项目有限开放的防火墙，但国际资本仍通过多种渠道进入中国市场，对拥有 2.17 万亿美元外汇储备（截至 2007 年底）的中国经济仍构成了巨大挑战。

二、 美、俄、日三国的国家经济安全战略

经过多年的发展和调整，经济安全已经成为美俄日三国国家安全中"不可分割的重要组成部分"。在经济全球化不断发展的今天，各国对经济安全的危机意识更强，根据自身特点，积极利用国际规则并力争掌控规则的制定权，以保障经济的平稳发展。

（一）美国的国家经济安全战略

美国的国家经济安全是建立在其"国家安全战略"框架上的。1999 年，美国白宫公布了一份《新世纪的国家安全战略》报告，提出美

大视野

国国家安全战略的三个核心目标是增强美国的安全，保障美国的经济繁荣和促进国外的民主和人权。

总的来讲，美国的经济安全观立足于自由、开放的市场基础之上，但也体现了其"世界警察"的一贯观点。美国认为经济安全首先是国内经济问题，要追求一种相对平衡，鼓励通过竞争寻求经济的"自我恢复能力"，把经济安全归为企业的竞争力。同时，美国认为，世界各地都有美国的经济利益需要保护，在冷战后致力于推动美国式的自由市场模式，积极参与地区和国际经济合作组织，用"治外法权"和"单边主义"行动对有"冒犯行为"的国家和公司进行制裁和报复。

（二）俄罗斯的国际经济安全战略构想

1996 和 1997 年，俄罗斯分别通过了《俄罗斯联邦国家经济安全战略》和《俄罗斯联邦国家安全构想》（在 2000 年进行了修订）。俄罗斯明确提出，保障国家安全应把保障经济安全放到第一位。

俄罗斯的经济安全观侧重于治内乱、御外患、摆脱危机、复兴大国。其经济安全战略的目的，是通过保障经济发展，为个人生存和发展、为社会政治经济和军事的稳定、为国家的完整、为加强俄罗斯在国际上的大国地位奠定基础。

（三）日本的国家经济安全战略

在日本，无论是政府、企业还是个人，危机意识都很强。因而，日本的经济安全观主要是基于"资源小国"与"经济大国"、"经济大国"与"政治小国"和"军事弱国"的矛盾，将国家经济安全战略锁定在保障海外战略资源的稳定供应和拓展海外市场之上。

日本的国家经济安全战略明确指出，"确保重要物资的稳定供应在经济安全保障方面具有生死攸关的重要性"，保障范围涉及以石油为主的能源、以稀有金属为主的矿物资源以及粮食，同时要确保重要物资稳定供应的海上运输线。

三、企业"走出去"应努力维护国家经济安全

作为"走出去"的主体，中国企业在国际化的过程中面临各种发展的环境。工程承包企业是中国企业"走出去"的先行者，经过多年经营已经积累了一定经验，获得了自身的市场空间。在经济全球化发展的新时期，企业的投资成功与否，在很大程度上与中国经济的整体情况息息相关。因此，企业既要努力把握投资机会，也要尽量实现企业个体和国家整体利益的协调统一，树立国家良好形象，积极稳妥参与国际分工，保护自有知识产权，并努力保障能源和资源的可持续供给。

（一）树立国家良好形象，维护企业经济利益

中国对国际经济合作的态度是明确的，一贯奉行和平共处五项原则，在政治、外交、经济、文化等各个方面积极与各国开展合作。经济实力的提升使得中国有能力在全球发挥更为重要的作用。

国家形象的好坏对于企业的经济活动能否顺利开展有着重要的影响，而国家形象的树立是一个日积月累的过程，与每个企业的经济利益息息相关。企业"走出去"，应该以树立国家良好形象为己任，注重承担必要的社会责任，遵守东道国法律，尊重东道国文化，保护当地雇员权益，积极参与社会文化活动，以实现与当地政府、社会和自然环境的和谐相处。

工程承包企业在中国对外经济合作的发展历程中扮演了重要的角色。在"南南合作"中，以坦赞铁路为代表的高标准援建项目，既有力推动了受援国经济的发展，也为中国与受援国相互信赖关系的确立提供了直接的支持，对中国与多数发展中国家拓展和深化经贸合作领域发挥了积极作用。

（二）发挥自身优势，建立稳定可靠的产业国际分工链条

中国企业国际化的第一步往往是建立海外代表处和销售处，通过开辟国际贸易渠道，为

企业的生产建立稳定的国际营销网络。在可以预见的未来，国际贸易仍将保持较快发展，处于快速工业化进程中的中国企业的生产能力和生产水平都将继续提高，中国作为全球生产制造中心的地位在短期内不会发生大的变化。把握经济全球化迅速发展的有利时机，保证电子原件加工、家用电器和纺织服装等优势行业、重要支柱产业和快速发展行业的平稳国际化，对于中国的国家经济安全意义重大。

工程承包企业在"走出去"承接各类工程的同时，往往也下设贸易公司，从事国际贸易。这类公司既要服务于母公司主业的原材料设备供应，也注意把握市场机会，从事其他产品的进出口。根据企业国际化战略和自身产品特色，在全球范围有效配置各种要素，把握重要渠道资源，培养核心竞争力，贴近消费市场，建立稳定可靠的跨越国境的产业分工体系，是企业在开放的世界里确保保持行业竞争地位的重要途径。

（三）学习和应用国际惯例，维护自有知识产权

企业在国际化发展中，一定要用好当地的法律和国际条约协议。不仅要避免违反法律法规，更要努力用好法律武器，维护自身利益。随着全球知识产权保护意识的愈发强烈，企业也需要思考如何保护自身的知识产权。中国企业在国际化的过程中，由当地竞争者抢注商标、盗用设计专利、盗窃商业秘密的事件时有发生，给企业带来巨大的维权成本，严重影响企业商誉，一旦处理不好甚至可能使得使用相关专利的更多企业被逐出重要的市场，对中国经济造成较大影响。MP3 和 DVD 等专利事件就使得中国相关企业遭受了巨大的损失，也给消费者留下了很不好的印象。

因此，企业需要的国际化过程中把自有支持产权的维护放到十分重要的位置。首先，应了解东道国的有关法律，以及东道国参加的国际知识产权保护协定，明确其保护范围、保护强度和维权步骤。其次，应比照相关规定，梳理企业正在使用或可能涉及的知识产权，根据使用情况，申请法律保护。再次，对于出现的知识产权纠纷，应主动起诉或积极应诉，并联合相关企业，形成合力，尽量避免造成企业自身、行业乃至更广范围的影响。

中国工程承包企业不断成长，2007 年进入 ENR 全球 225 强的中国企业达到 50 家，海外收入总计达 224.0 亿美元。但是，排名最靠前的中国工程企业在国际承包商排名中仅列第 18 位，上榜企业的海外营业额占总额的 7.2%，与发达国家大型工程承包商相比仍有很大差距。在市场发展过程中，形成并确立中国自己的标准和规范，在恰当的时候向更大的工程承包市场推广，对保障企业的可持续发展和行业的稳定都有着积极的意义。

（四）积极开展投资合作，保障经济发展所需能源资源

根据历史规律，工业化进程总是伴随着能源资源的大量消耗。经过几十年的工业化，中国已经建立起完整的工业体系，多种商品的生产制造的数量和效率都居全球领先，中国价廉物美的商品为全球长期保持低通胀下的经济持续增长发挥了重要作用，应该说，中国用全球的资源满足了全球的消费者。

国际大宗原材料和初级产品价格不断上涨，大型跨国矿业巨头的资源垄断和价格控制能力不断加强，能源资源供给渠道有限。近些年来，全球能源资源开采的投资数量保持持续快速发展，价格上涨明显。工程承包企业"走出去"，更应该发挥技术优势、利用经验积累，通过勘探、交通运输基础设施建设等方式，积极与相关行业的中国企业开展能源矿产开发、加工和运输等产业链各环节的投资合作，以增加中国经济能源资源的多元化供给渠道，保障国家的经济安全和可持续发展。⑤

全球化条件下支持我国中小企业
走出去的政策建议

张茉楠

（国家信息中心经济预测部，北京 100045)

中小企业如何下好"全球化"这盘棋无论是对于中小企业自身，还是中国整体战略转型都具有重大的战略意义。

一、"全球化"正成为推动中小企业实现战略转型的关键

（一）"走出去"正成为支持中小企业发展的重要战略之一

中国是拥有中小企业数量最多、发展速度最快且是一个发展与转型并行的国家。改革开放 30 多年来，中国经济持续高速增长，相当程度上是依赖于中小企业的崛起。如今，中国工商注册的中小企业已超过 1023 万户，占全国企业总数的 90% 以上。这批中小企业所创造的最终产品与服务价值、出口总额、交纳税收与就业人数，分别占全国的 58.5%、68.3%、50.2% 与 80% 以上，中小企业称得上是中国经济增长中最活跃的一环，也是全球产业链的重要产品提供者。

然而近些年，由于劳动力、资金、原材料、土地和资源环境成本不断攀升，人民币进入战略性升值通道，我国已经进入了高成本时代，这对于依赖于"成本驱动"以及处于全球产业链低端的中小企业而言，价值创造的空间越来越小，被淘汰出局的越来越多。特别是金融危机和欧洲债务危机之后，全球需求端的减少，各类保护主义风潮渐起以及新一轮全球产业洗牌的渐趋形成，都使中小企业面临着前所未有的生存瓶颈和竞争压力，中小企业需要寻找新的突破，需要"闯关"海外市场。

而这一需求也得到了政策上的呼应。2010年 5 月国务院发布的《关于鼓励和引导民间投资健康发展的若干意见》（新国 36 条）就明确指出，要"鼓励和引导民营企业积极参与国际竞争"，并就开展国际化经营、培育民营跨国企业和国际知名品牌、支持组成联合体"抱团出海"等内容提出了指导性意见。鼓励中小企业"走出去"，正在国家支持中小企业发展的重要举措之一。

（二）中小企业要借助"全球化"实现战略升级

在这一背景下，中小企业必须学会驾驭全球化，下好"全球化"这盘棋。首先，中小企业担当中国企业"走出去"的主力军。中国企业的全球化发轫于 20 世纪 70 年代末，几乎与改革开放同步。可以说，中国改革开放的历史，就是中国经济和企业全球化的历史。进入新世纪之后，中国企业的对外直接投资迅猛增长，

从 2001 年的 68.8 亿美元，飙升到 2010 年的 688.1 亿美元。加入世贸组织十年来中国企业对外直接投资年均增长 29.2%，跃居全球第五大对外投资国。

在这场海外投资并购大潮中，国有企业发挥了突出作用，扮演中坚角色，为中国企业的全球化开辟道路，拓展发展空间。2010 年，中央直属国企非金融类对外直接投资达到 424.4 亿美元，占总流量的 70.5%，成为备受关注的投资主体。但是另一方面，不容忽视的一个事实是，中国对外直接投资存量中，国有企业所占份额逐年下降，在过去五年里，已经由 81%（2006 年末）减少到 66%（2010 年末）。据统计，2010 年，民营企业 500 强中，累计共有 137 家开展了对外投资，投资企业和项目 592 个，投资额达 61.8 亿美元，比 2009 年增长 174%。

其次，采用战略联盟策略进行国际合作加速融入全球产业链，促进企业转型升级。可以根据企业的资源、能力和需求，选择供应链联盟、生产联盟、技术研发联盟等不同结盟形式，实现跳跃式发展。比如，奇瑞公司在发展过程中高度重视战略联盟，2000 年以来先后与国内外多家企业构建了供应合作链联盟、产销合作联盟、股权合作联盟、技术创新联盟等，显著地提升了竞争实力，是我国第一个将整车、CKD 散件、发动机以及整车制造技术和装备出口至国外的轿车企业，连续 7 年居中国汽车出口销量第一，累计在海外的销量达到 40 万辆左右，10 年全球累计销量 200 万辆，奇瑞的全球化整合让其实现了一次又一次的"蜕变"。

二、中小企业实现"全球化"仍面临种种现实困境

由此看来，中小企业寻求突围的最好办法就是要利用国际产业链调整、国际分工重组的机遇，积极整合全球资源，通过嵌入全球价值链实现全面升级，实现价值链由低端向高端的攀升。然而不可否认的是，当前中国中小企业全球化整合资源依然面临种种困境：

一是我国中小企业不仅要与国内企业竞争还要同一些发达国家先进企业竞争，在"走出去"的过程中，中小企业缺乏资金支持，融资相当困难，产业资本和金融资本还没有有效地衔接，无形资产在国外抵押受限。

二是在产品技术日益分散化、复杂化的今天，新产品、新技术的研究和开发需要大量时间和成本投入，且具有很高风险。企业单纯依靠自己能力已经很难掌握竞争的主动权，迫切需要国家的科技支持。

三是中小企业"走出去"仍然是凤毛麟角，并未形成跨国趋势，大多数企业在对外投资过程中缺乏全局性的战略理念。

四是国际贸易保护的方式越来越隐蔽。金融危机以来，发达国家"打着环保"的大旗，各类层出不穷的绿色壁垒渐成风潮，今后各国碳贸易摩擦、碳减排配额及其分配问题等都会高度与这种壁垒联系起来，增大了中小企业应对的难度。

三、美日欧支持中小企业实现"全球化"的经验借鉴

全球范围看，中小跨国企业的发展更具灵活性和竞争精神，发达国家政府为推动本国中小企业的全球化开拓方面积累了许多有益的经验。

20 世纪 80 年代以来，美国政府出于改善长期以来居高不下的贸易逆差的考虑，采取各种措施大力鼓励和刺激科技型中小企业走国际化道路。在美国，中小企业在出口产品方面遇到困难时，有许多官方和非官方机构施以援手。政府代表小企业进行国际贸易谈判，减少小企业进入国外市场的贸易壁垒。为帮助小企业出口，美国在全国设立了 19 个出口援助中心，美国小企业管理局也有两个国际贸易办事处，大力支持中小企业有效地参与全球市场的竞争。

国际化最成功的日本企业基本都是中小企业，就连索尼、日立等今天的跨国企业在当初也是中小企业发家。日本在1948年就设置了中小企业厅，并在通商产业省的九个地方有派出机构，各都、道、府、县也设立了商工科或中小企业科，形成了从中央到地方的全国性的中小企业行政组织网。政府在全国47个都道府县和12个大城市设立了中小企业指导所，为中小企业提供企业诊断和经营指导，每年诊断和指导的案件超过3万件。政府还建立了中小企业贷款保险公司、贷款担保公司和专门为中小企业提供完整的金融服务体系，解决中小企业信用薄弱、获得贷款困难的问题，并运用财政和税收措施促进中小企业技术创新。为帮助中小企业技术创新，日本政府专门制订了技术开发补助金制，对中小企业的技术开发给予50%的资助。

欧洲许多国家都被成为"中小企业王国"。例如，人口仅800多万，内部消费市场有限的奥地利，十分重视中小企业的全球化拓展以及投资国外市场。2004年，奥地利联邦经济与劳动部和联邦商会联合启动了"走向国际"计划，采取措施开拓海外市场、培养外贸人才和建立国际商业联系，鼓励中小企业扩大商品和服务贸易出口。奥政府和商会在过去两年提供了1亿欧元扶持资金，大部分资金由联邦商会内的对外经济司具体负责使用，另有1/3资金通过国际旅游局和各联邦州的经济促进公司为企业提供服务。在联邦商会的具体操作下，奥推动中小企业"走向国际"的具体措施主要体现在市场开发与进入、外贸知识技能与人力资源、企业间商业联系的建立和为中小企业减负等四个方面，为中小企业走向国际提供了系统支撑。

四、推动中小企业"全球化"需要有系统性的政策支持

中小企业"走出去"应该正成为经济战略转型的重要组成部分，国家应积极引导和鼓励中小企业在更大范围、更广领域和更高层次参与全球合作。通过全球化迅速获得研发、设计、高端制造、海外销售渠道、品牌等能力，这对于增强中小企业创新能力，向价值链高端延伸，改变经济增长方式至关重要，有利于中国经济的发展，释放中国经济的全部潜力。

一是在海外布局方面，应该以产业布局和提升竞争力为切入点，提高中小企业海外布局的效率和效益，例如，寻找农业、林业资源可考虑东南亚市场；需要提升技术能力可选择发达国家建立研发中心；从节约成本角度考虑，可考虑劳动力成本低、具有一定基础设施配套能力的发展中国家，要结合当地的区位优势和自身的竞争优势，选择更适合的投资目的地。

二是在金融支撑方面，可以参照国外经验设立特别金融机构或建立特别基金，例如英联邦开发公司、德意志开发公司、丹麦工业化基金、美国海外私人投资公司、日本海外经济合作基金、韩国进出口银行、亚洲四小龙的"海外创业资本基金"、"海外损失准备金制度"等，帮助中小企业实现海外融资的便利性。此外，在制度设计上，鼓励中小企业对外直接投资，目前最重要的金融支持政策是改革外汇管理制度，放松外汇管制，通过"藏汇于民"的方式实现对外直接投资自由化。

三是在网络构建方面，由于中国企业大规模开展对外投资的历史并不长，需要经过较长时间的观察才能总结出足够多的、具有借鉴意义的经验和规律，并建立起海外市场信息网络。在这方面，商业服务机构能够发挥很重要的作用。它们经验丰富，拥有全球网络，能够帮助企业更好地寻找项目、把握投资方向和进退时机，更全面地发现交易风险、制定保护条款，从而把风险降低到较低的水平。⑤

关于深化国有资产监管体制改革的几点思考

王 欣

（中国社会科学院工业经济研究所，北京 100086）

我国国有企业改革至今已走过 30 多年的历程，并且取得了十分可喜的成绩。2003 年国务院国资委的成立，标志着我国国有资产监管体制改革步入一个新的阶段。近十年来，在国资委的统一监督管理下，国有企业的规模和实力显著增强，并且开始有越来越多的国有企业参与国际竞争。但是，随着国内外发展环境的变迁和国有企业自身成长的需要，现行国有资产监管体制已经出现了不适应的现象。因此，进一步深化和完善我国国有资产监管体制，成为确保国有资产保值增值、推进国有企业改革的首要任务。针对当前我国国有企业发展面临的新挑战，以及现行国有资产监管体制的不足，本文认为，亟待建立多元化、内外协同的监管网络，从而进一步规范国有企业的经营行为。

一、国有企业仍然是国民经济发展的中坚力量

近年来，我国国有企业规模快速扩张，经济实力不断增强。据国务院国资委统计，2012 年 1～11 月，全国国资委系统监管企业累计实现营业收入 34.2 万亿元，实现利润 1.7 万亿元，累计上交税费 2.5 万亿元。截至 2012 年 11 月底，全国国资委系统监管企业资产总额达到 69 万亿元。其中，中央企业数量不断缩减，而企业规模在持续扩张。国资委成立十年来，中央企业总数从 2003 年的 196 户缩减为 116 户；资产总额从 7 万亿元增加到 31.2 万亿元；营业收入从 3.4 万亿元增加到 20.1 万亿元；实现利润从 2405 亿元增加到 1.1 万亿元；上缴税金从 2915 亿元增加到 1.7 万亿元。国有企业为我国经济稳定增长和社会健康发展作出了重要贡献，在我国国民经济中始终占据着举足轻重的地位。

随着国有企业规模的壮大，逐渐形成了一批具有国际竞争力的"巨型"企业。2012 年，我国共有 79 家公司入围世界《财富》500 强排行榜，比上一年增加了 12 家。其中，有 42 家是国资委监管的中央企业，中国石化、中国石油和国家电网保持在前十强，仅有 5 家为民营企业。国资委提出，"十二五"时期，中央企业改革发展的核心目标就是："做强做优中央企业、培育具有国际竞争力的世界一流企业"。在这一目标指引下，今后还将成长起更多的超大规模中央企业，并且催生出更多的跨国公司。

然而，作为我国国民经济发展中坚力量的国有企业，也逐渐引起了国内外舆论的关注。

一些海外媒体过分夸大中国国有企业对世界竞争格局的威胁，对我国国有企业的国际化发展造成了一定的阻碍。与此同时，信息披露不全面、企业管理不规范以及外部监管不力等问题，也引发了国内社会各界的激烈争论。许多学者针对国有资产监管问题展开研究。各个领域对于国有资产监管体制改革的呼声日益高涨，使其成为一个不可回避的现实课题。

二、当前国资监管体制面临的新环境和新挑战

近年来，影响国有企业发展的国内外环境发生了一些新变化，企业的发展战略和经营方式也随之做出调整。在新的情境下，衍生出一系列国有资产监管的新问题和新挑战，同时也暴露出现行国有资产监管体制的不足之处。

首先，越来越多的国有企业实施"走出去"战略，参与海外经营和国际竞争，由此带来了境外国有资产流失的新挑战。在我国政府"走出去"战略的鼓励下，以及国际金融危机带来的机遇吸引下，我国企业的境外投资规模迅速增长，尤其是国有企业成为跨国投资的主力军。据统计，截至 2010 年末，中国投资设立的境外企业超过 1.5 万家，境外企业资产总额超过 1 万亿美元，其中国有企业境外资产超过 5000 亿美元。然而，随着境外国有资产规模的增长，暴露出一系列严重的境外国有资产流失问题。比较具有代表性的案例包括：中航油事件损失 5.54亿美元；中储铜事件损失人民币 6 亿元；中投公司"黑石公司"事件投资亏损 17 亿美元；等等。学者们一方面将其归咎于国有企业内部控制能力不足，另一方面认为应尽快加强境外国有资产监管的法规体系（周煊，2012）。对此，国资委先后出台了《中央企业境外国有资产监督管理暂行办法》、《中央企业境外国有产权管理暂行办法》和《中央企业境外投资监督管理暂行办法》，试图规范中央企业境外投资监

管制度体系。这些政策的效果还有待考察，重点不是政策的制定而是执行的力度。

其次，社会舆论对国有企业的监督作用日益凸显，尤其是垄断性国有企业，将接受更加多元化、全方位的监督。国有企业不仅受到政府部门和国资委的监督，近年来，社会各界对国有企业透明运营的要求越来越高，尤其是随着网络等新的信息传播平台的发展，国有企业的经营行为受到更加广泛的监督。其中，公众的关注焦点集中于国有企业的运营效率、高管薪酬等问题，以及国有企业是否很好地履行了其应承担的社会责任。例如，个别垄断性国有企业爆出"天价高管薪酬"事件；一些食品行业的国有企业造成环境污染或者滥用添加剂等。与以往不同的是，网络平台使得信息传播速度大幅提高，对企业的危机应对能力提出很大的考验。除此以外，一些社会组织和国际组织也加强了对国有企业的监督力度，对其造成了一定的信息披露和社会回应压力。从长期来看，国有企业将接受越来越严格的社会监督，这将促使其更加真实、全面、迅速地披露信息。但是，就目前而言，这种社会监督还处于自发阶段，缺少多个主体之间的沟通与协调，而且由于没有法律法规的制定权，社会监督还停留在一种软约束的层面，很难对国有企业的行为产生较大的影响。

最后，现行国有资产监管体制的运行效果受到质疑，作为监管主体的国资委，其角色定位与核心职能需要进一步明晰。一些学者已经明确指出了国有资产监管体制改革滞后的问题，认为国资委的组建并没有解决所有问题，而且现在的大国资委体制，也并不真正适应市场经济发展的需要（荣兆梓，2012）。学者们提出的一个普遍观点是，下一步改革的重点在于，进一步分离国资委的监管与运营职能。史正富和刘昶（2012）指出，国资委作为政府特设机构，同时履行着国有资本管理者的职责，必然

导致利益诉求冲突、政企不分和官僚主义等各种问题。他们认为，国资委不适合国有产权经营的职责，而适合履行对国有产权经营的行业管理职责。顾功耘和胡改蓉（2012）分析了国资委直接持股国有上市公司的利弊，他们认为：成立国资委的本意就是对国有资产进行监督管理，如果变成一个实际上的投资控股公司，则名不副实，因此，建议在远期将国资委还原为一个纯粹的监管机构。除此以外，如何科学评价国有企业改革成败和国有资产监管成效，也成为一个备受争议的话题。对于以上这些问题，目前仍未形成统一的观点，但是应当明确的一个原则是，国有资产监管体制改革的方向，必须适应当前我国国有企业的发展环境。

三、深化国资监管体制改革的几点政策建议

针对现行国有资产管理体制面临的新挑战，结合国有企业发展面临的国内外新环境，本文从监管主体、监管对象、监管方式、监管效果等几个方面，对于进一步深化国有资产监管体制改革，提出以下政策建议：

一是促进监管主体的多元化。 目前，从国有企业的外部监管体系来看，最主要的监管主体是各级政府部门和国资委。监管主体相对单一，是影响监管效果的一个重要原因。尽管社会舆论监督日渐发挥作用，但是受到监督渠道、监督权限等因素的制约，社会监督远远没能起到应有的效果。从国际经验来看，社会公众对于国有企业的广泛监督，是确保国有企业行为规范的有效途径。为了更好地发挥媒体、公众等社会力量的监督作用，应尽快建立健全国有企业信息披露机制，切实保障社会公众的知情权，彻底改变国有企业经营信息不透明的现状。在披露主体上，以垄断性行业的大型国企为主，其中一些非上市国企，也要求建立定期发布报告制度；在披露渠道上，要求所有国企开通官方网站和官方微博，并至少指定一名"信息专员"负责；在披露内容上，包括能够全面反映企业经营状况的日常信息，如重大决策、经营管理、绩效表现、社会责任等，以及一些突发事件等重大信息。

二是实行有针对性的分类监管。 国有企业是一个非常庞大的群体，没有任何一套制度可以适用于所有的企业。因此，应当首先清晰地划分出国有企业的不同类别，然后再制定相应的监管制度体系。在现行的国有资产监管体制下，采取的是金融和产业分类监管的思路，即由财政部监管金融类国家出资企业，由国资委监管产业类国家出资企业。实际上，这种划分仍然过于宽泛，建议更进一步，根据不同行业的特点及其内在联系，在产业类国家出资企业中进行细分。与此对应，在国资委分别下设相应的专门管理机构，提高国资委对于国有资产监管的专业性。从另一个角度来讲，必须区分自然垄断性国有企业和竞争性国有企业，针对这两大类不同性质的国有企业，采取有针对性的监管制度。具体而言，对于竞争性领域，应该按照市场逻辑进行改革，可以走产权多元化道路，可以引进民企公平竞争，政府部门和国资委不应对其加以过多的限制。荣兆梓（2012）也曾明确指出，竞争领域的国有资本管理，应"去政府化"；对于关系国家军事政治安全的特殊领域，以及提供重要公共产品和服务的领域，还应当保证国有企业的垄断地位，政府部门和国资委应加大监管力度，并提高法治化程度，可以仿照美国构建"一企一法"的制度体系。

三是推动企业内外监管的协同。 国有企业的内部治理与外部治理高度相关，如果能够促使两者之间实现良好的协同运作，将有助于增强国有资产监管制度体系的有效性。概括来讲，我国国有企业的直接利益相关者主要包括：政府、执政党、职工、股东和企业管理者等。因此，我国国有企业监管制度主要包括政府的行政监

督、党的纪律监督、职工的民主监督、股东的股权监督以及企业内部监督五个方面的内容。在加强外部监管力度的同时，还应加快推进现代企业制度建设，提升国有企业内部治理的规范程度，促进企业科学决策和规范经营。舆论指出的薪酬不合理、经营不规范等问题，都是因为许多国有企业尚未形成科学、有效的制度体系。其中，最为重要和紧迫的任务有两点：一方面，深入推进现代企业制度，优化国有企业公司治理结构，使外部董事真正发挥作用；另一方面，改革国有企业绩效考核制度，按照长期导向和分类考核的思路，充分考虑企业经营的周期性，以及不同类型企业的特殊性。在此基础上，企业内外部监管主体之间的信息沟通也非常重要。应尽快建立联系企业内外的沟通和协调机制，充分发挥外派董事、监事的作用，使外部监管主体真正参与到企业的经营和管理当中。

四是接轨国际市场竞争规则。 与国际上跨国公司的平均水平相比，我国国有企业的国际化程度仍然较低。据中国企业联合会计算，2012 年中国 100 大跨国公司的平均跨国指数为 12.93 %，不仅远远低于 2012 年世界 100 大跨国公司 62.25 % 的平均水平，而且远远低于 2012 发展中国家 100 大跨国公司 38.95 % 的平均水平。由于国际化进程起步较晚，我国国有企业还不能完全适应国际竞争规则。其中一个突出的表现就是，国际社会对于企业履行社会责任的要求，已经成为我国国有企业跨国发展的重要制度障碍。在经济全球化的今天，强调履行社会责任，日益成为企业提升自身品牌和形象、开拓国际国内市场的重要手段，也日益为社会各界广泛关注。因此，下一步的国有资产监管体制改革，必须将国有企业履行社会责任的要求融入其中，不断提升企业对社会责任的理解和认识，并将其融入到企业日常运营环节，固化到企业组织治理架构之中。国有企业要以追求经济、社会、环境综合价值最大化为目标，要坚持服务社会、回馈社会并融入社会，以经营社会的理念去经营企业，以更加负责任的形象和行为赢得更大的发展空间。只有国有企业更好地履行社会责任，才能在全球化背景下与国际接轨，不断提升企业的国际竞争力。

五是建立科学的绩效评价体系。 改革必须建立在对原有体制做出客观评价的基础上。当前，迫切需要建立起一套科学考核国有企业绩效的评价体系。我们可以看到，在政府大力倡导企业转型升级的同时，一些国有企业仍然靠扩大规模、增加投资这种扩张式的发展方式来运作。靠这种扩张实现增值不应是国有企业的最佳选择，这与其为老百姓提供服务和谋求利益的性质相矛盾。但是，现有的国有企业绩效评价体系，更多地是从经济效益角度来衡量企业绩效，未能充分考虑企业创造的社会绩效。有学者指出，社会反响也应成为衡量国有企业改革成败的重要评判标准和促进国有企业改革发展的重要治理机制。因此，建议在考核评价体系中，纳入社会绩效指标，尤其是那些处于公用事业领域的国有企业，应更多地反映社会对其所提供产品或服务的满意度。绩效考核标准就是引导国有企业发展的风向标，只有从企业发展目标上产生根本性的转变，才能逐步规范企业的经营和管理行为，并且保持改革成效的可持续性。⑤

参考文献

[1] 顾功耘，胡改蓉.国资委直接持股如何防范法律风险.上海国资，2012(09).

[2] 刘纪鹏.国有资产监管体系面临问题及其战略构架.改革，2010(09).

[3] 荣兆梓.国有资产管理体制进一步改革的总体思路.中国工业经济，2012(01).

[4] 邵春保.现行国有资产监管体制的发展趋势.中国行政管理，2011(04).

（下转第 59 页）

中国企业海外并购面临的风险与挑战

——从全球视角提升企业国际化管理

付 新

（中国建筑股份有限公司海外事业部，北京 100125）

摘 要：为了实现企业自身的发展目标，维持竞争力，整合价值链，越来越多的中国企业响应政府"走出去"战略，在世界各地积极开展各项投资活动，其中，海外兼并和收购是主要方式。如何正确的认识海外兼并和收购过程中的风险，并采取积极的应对措施，成为广大中国跨国企业不得不思考的问题。据此，本文结合并购的简单理论知识，从当前的国际市场环境、并购的必要性、并购的风险及应对等方面予以阐述，希望籍此能够对相关问题进行梳理。

关键词：海外并购；风险；国际化

在过去的 20 年里，中国企业参与全球商务活动的踊跃程度显著提高，跨国企业的全球化程度之高、范围之广有继续加深之势，具体有如下表现：

（1）对外直接投资显著增加：根据联合国贸易与发展会议数据，中国对外直接投资年均增长（包括境外跨国并购、绿地投资、企业合资等）达到 40.15%，远高于亚太地区同期增长的 13.1%；

（2）地域覆盖范围广：非洲和中东是中国企业投资的重要地区，76% 和 64% 的中国跨国企业分别在这两个地区设立分支机构，超过 50% 的中国跨国企业在欧美发达市场有业务设点。

（3）参与企业性质多样化：除了传统意义上的国有企业（央企居多），越来越多的私营企业开始其国际化进程，并表现出比国有企业更高的积极性，且投资模式更为灵活。

中国企业全球化的动机因股权性质不同各有差异，私营企业进军国际化市场的首要原因是获取专业经验和接近关键市场，而国有企业则主要是为了维持竞争力和整合价值链。通过对比以往的海外扩张方式和未来的规划，绿地投资和合资的比例预期将有所下降，海外兼并与收购的比例将会大幅度提升。

中国建筑股份有限公司作为一个世界 500 强企业，在"十二五"规划中明确提出了"成为最具国际竞争力的建筑地产综合集团"的发展目标，并将此作为企业的愿景；"十二五"规划中提出的"五化"发展战略，其落脚点是"国际化"；具体到业务指标来讲，要保证在 2015 年实现海外业务收入在集团总收入中占比达到 10%，即 800 亿元人民币。

为实现这一"全球化"的战略目标，实现海外业务的快速发展，中国建筑股份有限公司审时度势，结合 30 年全球业务经营的实际经历，提出了实现该目标的有效路径：

（1）传统机构继续做强做大，提升优势，

结合周边国家情况实现区域化经营，做到资源共享，集约经营。

（2）通过资本运作实现在海外的跨越式发展，依托现有机构推进在美国和欧洲的兼并与收购业务。

（3）紧跟国家政策导向，通过集团高端运营增强"造"项目的能力。

综合来看，无论是其他跨国的中国企业，还是中国建筑本身，在未来的全球化的浪潮中，都要大幅度地提高海外兼并和收购业务的比例，以实现企业发展的目标。

一、兼并收购的基本概述

兼并收购（merger & acquisition），简称并购（M＆A），是企业的兼并、合并和收购的总称。

在不同的时期和市场条件下，并购的动因是不同的。理论界从不同角度来解释并购的动因：

（1）**经营协同效应**：通过并购使企业生产经营活动效率提高所产生的效应，使得整个经济的效率因为扩张性活动的开展而提高。

（2）**财务协同效应**：在税法、证券市场投资理念和证券人士偏好等作用下，通过并购实现合理避税，提高证券价格和公司知名度。

（3）**企业快速发展理论**：通过并购其他企业来迅速扩张企业规模，减少企业发展的投资风险和成本，降低新行业的进入门槛。

（4）**市场占有理论**：通过并购提高企业产品的市场占有率，从而提高企业对市场的控制能力。

一个完整的并购程序应大致包括如下内容：确定并购战略；确定并购目标；设计并购计划，组建并购小组；估值；尽职调查；融资；选择支付方式；确定并购交易时机；并购后的整合。

二、并购的目的

为什么要去并购？原因很简单，并购来的企业对于并购方来说要么有使用价值，要么有交换的价值。

联想集团收购IBM的PC机业务，就是看中了这块业务的使用价值。因为联想可以利用IBM在PC机业务上的品牌、销售渠道、服务渠道等资源扩大其自身PC机业务的收入。

而交换价值存在的最普遍的例证就是股票交易，当持有股票数量占了企业总股数的相当比例后，买股票的行为就是一个并购的行为，持有人希望在未来卖个更好的价钱就体现了企业的交换价值。

如果一家被并购的企业对于并购方而言既有使用价值，又有交换价值，那么只要价格合理，没有任何企业是不能卖或者买的。对于急于在全球并购市场中有所作为的中国跨国企业，需要在全球化发展过程中做好如下转变：由"市场机会"主导的企业发展方式，转向由企业愿景、战略、市场、客户等核心能力为依托的企业发展方式；由"摸着石头过河"的探索、快速应变的能力，增加系统性规划与管理平台的建设能力；由"中国特色"的企业经营模式，转向面向全世界的全球化经营模式。

中国建筑股份有限公司，作为第一代走出去的中国跨国企业，在其30多年的海外经营中，已经初步完成了上述转变：形成了感动人心的全球化愿景，即"成为最具国际竞争力的建筑地产综合集团"；以"国际化"为落脚点的五化发展战略，明确了全球化的路径；在中国建筑地产市场占主导地位的同时，在不同的地域，包括港澳、东南亚、中东、北非、美国，形成了具有竞争优势的产品和服务，并建立了系统化的跨国管理模式。从这些方面来讲，已经完全具备了开展海外扩张并购的基本条件。

三、中国企业海外并购的风险

通过人们的总结，并购后赔钱的并购案占到了并购总数的一半以上。在中国，几乎所有跨国企业都有雄心勃勃的全球并购计划，但对全球化及海外并购面临的风险和挑战，这些企业也都纷纷表示了其担忧。

大家一方面对联想收购 IBM 的成功案例津津乐道，另一方面也对 TCL 收购法国汤姆逊公司及阿尔卡特的失败案例颇有余悸。TCL "借船出海" 的案例一度被业内广为称道，然而这起收购并没有给 TCL 带来显著的价值创造，最终却令 TCL 背上了巨额赔偿欠款。而在此之后，TCL 又进行了施耐德的收购计划，最终效果如何，目前仍是未知数。

并购失败的其他表现还有：对并购后的风险精算不够精细，使得并购后的企业面临巨大的政治、法律和跨国经营风险；被并购方的人才流失严重，原管理团队人员变动诱发不稳定因素；并购双方企业文化互不认同导致组织凝聚力不强等等。

从理论上分析，并购出现失败可能有三个因素：战略定位失误、购买价格过高以及整合失败。如果战略定位失误，并购出现如此糟糕的结果完全在预料之中；如果购买价格过高则说明并购小组的估值方法、谈判能力及对时机的把握存在问题；但如果前两个方面没有出问题，那么负责整合的团队就难辞其咎了。

近日，商务部中国对外经济贸易统计学会与有关咨询公司联合进行了一项中国跨国企业走出去全球化调研。在这些中国跨国企业被问到如何描述与国际业务扩张的相关挑战时，最常见的几个问题是缺乏充分的尽职调查，以及将新业务和法律及政治上的风险结合起来考量的能力不足。同时，全球化进程中缺乏管理经验、跨国管理等也在调研中屡屡被提及。而更为重要的则是文化差异理解，包括对外国本土文化的普遍理解、管理品牌认知度的能力、管理具有不同文化背景员工、语言沟通障碍等。

概括起来说，理解文化差异、全球性企业管理和人才管理是中国企业在全球化并购过程中面临的关键挑战。

四、海外并购的风险应对措施

要想在全球化扩张过程中有所作为，特别是有效控制海外并购过程中的风险，包括中国建筑在内的各个跨国企业仍需在组织能力方面提升，既要有全球化的领导团队与人才，也要有全球化的运营和管控能力。

（一）搭建高效的全球集团管控模式，充分利用并购者集团总部的优势为目标企业提供支持

常见的全球集团管控模式分为三类，即财务型、战略型、运营控制型，考虑到海外并购的实际情况，对于并购后的目标企业，采用何种管控模式，需结合实际情况来确定。

首先，并购完成后，并购者必须要从组织架构上体现其与目标企业的明确定位，也就是需要根据企业的行业特点、市场布局、战略目标精心构造和设计组织机构，这实际上也是在确定目标企业与并购者总部和其他业务单元之间的权责、资源配置方式以及管理和汇报关系。

其次，要处理好并购者和目标企业的分权问题，尤其是在战略和运营关系处理方面更应如此，而目标企业必须要考虑如何面对并购者总部的集中管理。

无论采取何种管控模式和组织架构，在海外兼并收购中，并购者必须充分考虑其全球管控策略能为目标企业带来什么，能从哪些方面提升并购后目标企业的竞争力。具体表现在：

（1）应该提高效率，并购者的集团总部往往能够产生规模效应，尤其是在企业内部的基础设施建设方面，比如统一的营销渠道、统一的企业策划、统一的战略形象等，可以使得目标企业在自身原有基础上在此方面无需投入而直接采用。此外，并购者在统一采购方面所具有的效率和成本的优势，也可以被目标企业充分利用。

（2）并购者应该在某些方面具有目标企业不具备的"专长"，从而能够为其提供支持，创造价值。

（3）融资和投资能力，并购者能够为目标企业的发展提供政策及金融方面的支持，尤其是投资方面的支持。

（4）通过培训和学习培养创新精神，并购者应能够提供及时的培训和学习机会，营造学习和创新的氛围，加快与目标企业的融合，完成文化的整合。

（5）降低风险，并购者应利用其集团优势，在市场分析，以及合作谈判当中能够以较长远的眼光考虑问题，进而避免目标企业自行实施所带来的风险。

（6）协调合作，并购后的资源可以在并购者与目标企业之间进行最有利、最有效的配置和组合。

（7）战略决策和战术决策，并购者必须与目标企业一起确立明确的战略目标，也就是我们经常所说的愿景（vision）和使命（mission）。

（二）建立成功的跨国公司企业文化，做好文化整合

从整体上了解企业文化，学术上一般分为结构、感情、政治三个层次，即企业文化由其物质结构及企业所处行业和市场等有关因素决定；企业文化可以被定义为集体的思想、习惯以及组织雇佣的员工的行为模式；企业的权力构成方式也是企业文化的一个重要部分。

除了传统意义上的企业文化要求外，成功的跨国公司文化应该具有如下特征：

（1）以人为本：公司以员工为出发点和中心，尊重与接受不同文化背景员工的差异性，以实现人与企业的共同发展。

（2）契约精神：遵守现代商业社会的制度与法律法规，提倡平等、诚实、守信的精神，强调盟约以及按照既定的规则办事。

（3）无国界化：摆脱国家地域限制，高度重视国家间及民族文化的禅意，注意产品文化、公司文化与国外市场文化的协调和融合，以全球为中心统一规则、发展和协调。

在了解和建立有效的跨国公司文化后，我们必须面对并购后的企业文化整合问题并确定文化整合的目标。在并购成功后的文化整合中，至少存在如下三个程度不一的目标：

（1）稳定。 并购完成后，被并购企业的员工实际上处于一种不安全的状态。这种不安全的情绪可能摧毁目标公司的组织体系。所以，在整合过程中要消除这些不稳定的心态，使员工相信一切都不会发生太大的改变，或者会越变越好，至少保证被并购企业在被并购之前的经营效率。

（2）改进。 在第一个目标实现后，并购者应制定一些对改善目标公司员工处境有帮助的政策，让大家得到好处，在人们的潜意识中塑造新老板比过去的老板好的形象。这一目标实现的效果是并购者能够融入到被并购企业中去，并得到员工们的信赖和忠诚。

（3）整合。 只有在前两个目标都得到实现，并购者在目标企业中已经建立相当良好的群众基础后，并购者才有可能把目标公司引入到自身的文化氛围中，使两种不同的企业文化得到融合。

企业文化的整合是所有整合过程中最漫长的过程，最终的发展方向仅能通过不断的引导而在漫长的时间里发生逐步改变。即使采取种种努力，这种企业文化的改变也只能在目标企业里面自发完成，最终不一定能够完全和并购者的文化达成一致。不过这并不意味着企业文化整合的失败，只要目标企业的文化能使目标公司有效运营，而且目标公司信任和尊重并购者，愿意在并购者的指导下与并购者一道为了共同的战略目标而努力，那么即使目标企业有着和并购者不同的企业文化，并购中的企业文化整合也是成功的。

（三）科学架构人力资源管控模式，并贯

穿整个并购过程

并购者要永远记住，目标公司的员工是目标公司最有价值的资产，他们是一个个活生生的人，站在他们的立场去考虑问题，给他们尊重，让他们觉得周围的情况确实得到改善，员工们一定会站在并购者的一边。真正难以摆平的是那些旧有的管理层成员，接管后或将使他们丧失旧有的权力。因此，人力资源管理部门（或其聘用的专业咨询团队）必须从并购的开始就要介入相关工作，仔细规划，有效沟通并持续至终。

在整个并购的过程中，人力资源部部门或其聘用的专业咨询团队需要参与和组织的工作包括但不限于以下几个方面：

（1）人力资源代表参与项目并购小组，对并购过程中涉及人力资源事宜制订计划和决策流程。

（2）进行充分的尽职调查，关注并购估值中的隐藏成本和主要债务（如养老金计划、高管福利、员工辞退费用等）。了解目标企业所在国法规（工作小时、劳资关系限制等）对并购价格的影响。审阅和评估现有激励计划，量化隐形负债，包括影子期权、获权、期权支付时点等。

（3）审阅员工基本情况及高管合同，采用积极的措施保留并购方的高级管理层。及时为关键员工设立短期的保留奖金计划，为核心高管制定长期激励计划，在更长期限内保留高管。

（4）参与设置组织架构，设计授权体系，更新管理和决策流程，将高级管理层的绩效目标与公司的治理和决策保持一致。通过参与职能部门的管理，建立业务整合路线，并与绩效管理关键考核体系一致。

（5）识别并购对员工个人的影响，根据并购进展和人员类别制定沟通计划，并监督落实和执行。

当员工确实知道并购要发生的消息后，他们会产生焦虑情绪，焦虑的主要内容往往是跟个人利益相关的：我是不是会被降职；我的工资和福利会不会下降；我会不会被解雇；如果我被解雇能得到什么样的补偿等等。因此必须针对员工类别（高级管理者、管理层、普通员工、工会成员等）制定针对性的沟通计划，并适时执行。

交易前的沟通侧重信息发布，如何在恰当的时间通过合适的渠道将必要的内容通知到目标企业员工；交易后的沟通是并购者和目标公司就一些核心问题进行沟通并形成处理意见予以公布，同时向员工传递一个强烈的信号，那就是管理层希望通过沟通使所有员工的意见都能有合适的表达渠道，既要增加员工的归属感，也要将员工的不满向理性的方向引导；长期沟通则是一个制度化的过程，通过这种沟通使并购者和目标企业之间消除隔阂，形成一个整体企业文化或者至少是形成一种相互配合和共同实现企业战略目标的密切合作。

全球化的并购扩张使得所有企业都将面临人才市场上的更多竞争，特别是对经验丰富的国际外派员工的争夺。据不完全统计和预估，在未来十到十五年之间中国跨国企业需要约8万名全球经理人，这一方面要求企业不断增强其人力资源管理职能，做好国际化人才的选、用、育、留；另一方面也要求其提高灵活性应对全球化并购带来的挑战。

综上所述，通往全球化的道路上充满了挑战，而很多中国的跨国企业已经勇敢地迈出了脚步并在经受这些考验。全球化的兼并与收购存在巨大的机会与风险，我们必须从全球视角提升企业国际化管理水准，以积极的心态直面风险和挑战，力促兼并收购实现预期的效益。⑤

浅谈建筑施工企业的质量成本管理

邵 辉

(中国建筑第六工程局有限公司，天津 300451)

一、当前建筑施工企业开展质量成本管理中存在的主要问题

（一）存在认识误区，将质量成本割裂甚至对立起来

虽然质量成本管理在我国已经实行了近二十年，许多企业的实践表明它是提高经济效益，增强企业竞争力的一条有效途径，但仍有不少企业对质量成本管理存在认识误区，将质量成本割裂甚至对立起来，导致企业错误认识质量成本关系。主要表现有：

一是错误理解质量管理内涵，走入了工程质量越高越好的误区。国内许多企业都提出了"创精品工程"、要"精益求精"的口号，习惯于强调工程质量，认为工程质量越高越好，精品工程越多越精越好，企业才能得到更大的发展和壮大。这种观念使得企业在工程管理中，对工程成本关心不够，出现了不恰当地提高质量标准、片面地提高材料等级等主动进行超越设计、规范及合同要求的质量"改良"行为，最终遭遇业主的不提倡、不反对、不超标付款的"三不政策"，形成低效或无效的质量投入，增加了建筑施工总成本，使企业经济效益不理想，企业资本积累不足，导致企业背上经济包袱，资金周转不灵，发展陷入困境，最终严重影响

和制约了企业的发展。

二是错误理解成本管理内涵，认为企业"在商言商"，追求利润最大化是企业在工程管理中的唯一目的，走入了片面追求利润的误区。本来，随着全球经济一体化的到来，建筑市场竞争更加激烈，建筑行业整体步入微利时代。一方面，由于供需不平衡形成了买方市场，建设方处于明显的主动支配地位，对工程恶意压价；另一方面，建筑施工企业为了生存，往往不惜压低价格，靠微利甚至亏损来获得工程。建设方恶意压价和施工企业低价承包带来的后果，往往是这些中标企业在中标后无法兑现合同承诺，在施工中不能严格执行规范，施工安全没有保证，施工质量隐患重重，更有甚者，部分企业为了达到盈利或保本的目的，不惜通过偷工减料、粗制滥造来完成工程，从而造成"豆腐渣工程"频频发生，"楼倒倒"、"桥脆脆"事件屡屡曝光，给社会带来极大的危害。

（二）质量成本管理体系不健全

质量成本管理体系包括质量成本管理的组织体系、质量成本预测、质量成本核算与分析，以及质量成本管理评价考核体系等。其中首要的是质量成本管理的组织体系，它是企业开展质量成本管理工作的基础保障。目前，很多建筑施工企业尚未建立质量成本管理的组织体系，

未制定企业质量成本管理制度及相关的预测、核算分析、考核等质量成本管理流程，导致企业质量成本管理工作无法正常开展。

（三）宣传培训不到位，影响了企业质量成本顺利开展

企业质量成本管理是一个全员参与的系统工程，需要从领导到职能部门到项目部的企业所有员工的共同参与。由于宣传培训不到位，使得企业领导层错误认为"成本管理"、"质量管理"在企业中都已各自分块在抓，再开展质量成本管理纯粹是"多此一举"，导致领导思想还没有完全转到质量成本管理上来，在行动上缺乏主动性、积极性。即使开展质量成本管理，有的企业则只是迫于形势随便应付，没有充分调动全员参与，没有对相关质量成本管理参与人员开展专门培训，造成质量成本数据收集不到位，核算分析失真，未能真正起到通过质量成本管理评定企业质量体系的有效性，以及为企业制定内部质量改进计划，降低工程成本提供重要依据的作用。

（四）管理职责不清，考核缺失

由于企业组织体系未建立或不健全，未明确质量成本管理相关部门及人员的管理职责和权限，造成了企业在开展质量成本管理工作中，管理职责不清，质量成本数据的收集和统计无人管，质量成本的复核与分析失效，质量成本管理的评价失真，考核也无法跟进的局面，无法真正发挥质量成本管理对企业发展应有的促进作用。

二、对策与建议

（一）转变观念，走出误区，正确处理质量与成本的关系，树立"合理质量观"

面对建筑业日益激烈的市场竞争环境，建筑施工企业应树立"合理质量观"，避免"质量不足"或"质量过剩"给企业带来损失。一方面，企业要重视工程质量对企业品牌以及市场经营

开拓的支撑作用，在工程施工中遵守质量承诺，强化质量管理，严把好质量关，使工程项目质量水平满足设计以及相关规范要求，不出现"质量不足"现象；另一方面，为了不断降低成本，创造更多的利润，施工企业又不能盲目地提高质量，要根据企业发展状况和管理实际，并依据设计、规范及合同要求，在保证工程质量前提下，寻求业主和施工企业双方之间利益的均衡。在承包建设项目施工的过程中，要确定和企业相适应的有效质量标准，寻找工程项目的最佳质量成本，用材料、施工设备、施工工艺的"合理质量"来保证工程项目的"合理质量"，并通过实施和强化工程项目"合理质量成本"跟踪制度，对工程项目质量成本控制的每一个环节进行跟踪，防止出现为争名誉、创精品而擅自提高质量标准，最终造成超质量施工的"质量过剩"现象，以实现企业的最大利益。

（二）建立健全质量成本管理的组织体系，完善管理职责

为了系统而有效地做好质量成本管理工作，加强质量成本控制，建筑企业首先应根据自身的组织状况，建立健全质量成本管理的组织体系；明确各有关部门和人员各自的管理职责和权限，以及与其他各部门的分工、协调关系。

（1）建议质量成本管理纳入总会计师的职责范围，由财务部门和质量管理部门共同负责。在企业内部推行目标管理责任制，实行归口分级控制。由各项目部负责内部损失成本、用户回访部门负责外部损失成本、质量管理部门负责鉴定成本及预防成本。另外，总会计师还要制定质量成本控制的总体目标，设立责任中心，明确财务部门和质管部门的责任，根据财务部门和质检部门的报告和改进计划，在掌握总体情况的基础上，作出改进技术革新设备等决策。

（2）财务部门和预算部门应负责编制质量成本计划，设立质量成本科目，搞好对质量成本的核算，分析报告工作，设立质量成本控

制指标体系，考核各质量成本部门计划完成情况兑现奖惩。质量管理部门负责制定最优先成本决策，监督考核各部门质量成本计划完成情况，根据质量成本数据提出分析报告及切实可行的改进报告，具体组织质量成本计划的实施。

（3）各项目部应根据下达的质量成本计划，提出本部门的执行措施和相应意见，编制责任预算。记录实际执行情况，定期报送真实的质量成本数据。各项目部还要负责将承担的施工项目预算与实际发生的成本相比较，分析差异产生的原因和性质，以便管理阶层据以进行决策，采取有效措施改进产品质量，改进企业的经营管理工作。

（三）加强质量成本管理宣传培训，推进质量成本管理顺利开展

做好质量成本管理的宣传教育，增强全员质量成本意识特别是企业领导的质量成本意识，是企业成功开展质量成本管理的前提。为此应在企业或建设工程项目内部广泛开展质量成本管理的宣传培训工作，让全体职工和部门理解和支持开展质量成本管理工作的重要性，促进员工整体素质的提高。培训可区别不同对象针对性开展，对领导及管理层来说，重点在对他们加强质量成本管理教育，增强他们的质量成本意识。培训重点可放在质量成本与工程成本的关系、质量成本与工程质量的关系、质量成本在企业各项费用中所占的比例、质量成本对企业经济效益的影响等方面，使企业领导消除其误解和偏见，高度重视工程质量及质量成本管理，促使他们从不自觉到自觉，由被动变主动开展质量成本管理。同时，上级主管部门应有计划、有步骤、分层次地举办质量成本培训班，要重点加强对质量管理人员、有关技术人员和统计、财会人员这些质量成本管理执行层的专门培训，增强他们质量成本意识和专业技能，确保他们在实施质量成本管理过程中所用的记录真实、数据可靠，质量成本分析方法正确，

采取的质量成本控制措施得力。

（四）建立施工企业质量会计核算制度

目前建筑施工企业的会计核算中并没有对"质量成本"进行有效的核算，开展质量成本管理，应该增设质量会计，把质量会计视为质量管理必不可少的组成部分。由于多质量成本支出是隐性的，很难通过常规的质量成本评估系统进行测定。即使被发现，其中很大一部分也会被当作是企业的正常经营支出。因此，实施施工项目质量成本核算，必须建立合理的施工项目成本核算程序，明确明细科目及其核算范围，加强质量成本核算的原始资料收集统计（主要是质检部门的记录统计、财务报告以及技术部门提供的质量过剩损失、技术超前支出等原始资料），将项目施工过程中发生的质量成本费用，按照预防成本、鉴定成本、内部外部损失成本的明细科目归集，计算各个时期各项质量成本的发生情况，指导工程质量质量成本工作进展。

（五）加强质量成本管理考核，推动质量成本管理工作落到实处

质量成本管理考核是实行质量成本管理的必备环节。为了进行有效的考核，企业应在推行的目标管理责任制基础上，建立健全责、权、利的责任体系，将质量成本工作纳入施工、质量、供应、财务等相关部门及项目部的管理目标中，明确其质量成本控制目标，并按质量成本指标完成情况开展奖罚，形成有效的激励和约束机制。应定期组织专业人员对下属施工作业单位进行监督考核和不定期检查，同时严格实行"质量否决制"，对造成质量损失者除按损失额的适当比例进行经济赔偿外，严重者不得参加评比先进。对造成重大质量事故者，除对责任者予以解除劳动合同外，还对责任部门负责人给予严重的行政处罚，做到质量成本管理有目标、有措施、有检查、有考核、有奖罚，保证质量成本管理的实施和质量成本目标的实现。Ⓢ

论建筑施工企业的科技创新工作

令狐延

(中建四局，贵州 550003)

一、党和国家对科技创新的战略要求

科技创新是原创性科学研究和技术创新的总称，是指创造和应用新知识和新技术、新工艺，采用新的生产方式和经营管理模式，开发新产品，提高产品质量，提供新服务的过程。

党的十八大指出："科技创新是提高社会生产力和综合国力的战略支撑，必须摆在国家发展全局的核心位置。"要进一步依靠科技创新，建设资源节约型和环境友好型社会。建设施工企业作为中国特色社会主义建设事业一个非常重要的主体，更应该为两型社会的建设发挥重要作用。但是，目前建筑施工企业普遍存在对科技创新工作重视不够，企业技术水平不高，科技创新不够的问题，在很大程度上制约了建筑施工企业的科学发展。

二、科技创新对社会发展的推动作用

（一）技术创新推动社会的发展

科技自主创新能力主要是指科技创新支撑经济社会科学发展的能力。近现代世界历史表明，科技创新是现代化的发动机，是一个国家的进步和发展最重要的因素之一。重大原始性科技创新及其引发的技术革命和进步成为产业革命的源头，科技创新能力强盛的国家在世界经济的发展中发挥着主导作用。

人类社会生产力的提高与科技创新息息相关，从人类社会开始生产以来，每次生产力的显著提升都是依靠科技创新和科技进步。

让我们简要回顾一下人类社会生产发展的历史，在原始社会，人类没有学会制造工具，只能以采摘果实的方式充饥或捕猎。随着人类历史的发展，古人学会了制作简单的石器和木器，学会了制造工具，才开始了传统农业的生产和学会了捕猎为食。随着科技的进一步发展，人类在金属冶炼方面不断进步，进入了铁器青铜器时代，工具的制作水平得到了极大的提高，生产力得到进一步的发展，人类社会进入了封建社会，物质生产得到了更大的丰富。西方国家在蒸汽技术的基础上，利用蒸汽机实现了动力的机械化，将以前只有用人力或畜力提供的动力采用蒸汽来提供，极大地解放了人的体力劳动，提高了生产能力，制造出了火车、轮船、蒸汽机器等大量的设备和工具，催生了资本主义社会，马克思说"自从资本来到世间，人类社会在一百年生产的产品超过了过去一切时代的总和"。人类在 20 世纪 50 年代发明信息技术后，计算机、互联网技术将人类文明带到了信息时代，信息技术的发展极大地提高了人的工作效率，网上购物、网上办公成为一种日常的工作方式，人类社会生产力得到了进一步的提高，更多的信息产品得到了开发和不断发展，人类进入了一个生产力高度发达的时代。

（二）社会发展过程中产生的资源能源环境问题

人类社会在发展过程中逐渐产生了新的问题，特别是人口问题，社会发展与资源和能源相矛盾的问题，生产发展与环境保护的问题。随着人口的不断增加，人类社会需求的粮食、住房、道路、学校、医院、汽车、服装也要不断增加，人类占领了越来越多的绿地和森林，加大了对煤、石油、天然气等能源的开发以及对矿石资源的开发，上述能源和资源是不可再生的，越用剩下的就越少，能源和资源不足已经成为全球共同面临的一个严峻问题。

由于人类活动的增加，特别是人口数量的增加及由此而引起的温室气体排放量的增加，地球表面的温度正在逐年上升，暖冬现象成为自然现象，更热的地球必然带来海平面上升、陆地面积减少、物种消失等问题。因此，各国已更加关注社会、国家和地球的可持续发展，更加关注温室气体排放量的控制。中国作为地球上人口最多、人均资源占有量达不到全球平均水平的大国，社会发展与资源、能源、环境的矛盾更加突出，因此，必须采取有效的措施来解决上述问题，才能实现国家的可持续发展。

20世纪90年代以来，中国经济的持续高速发展带动了能源消费量的急剧上升。自1993年起，中国由能源净出口国变成净进口国，能源总消费已大于总供给，能源需求的对外依存度迅速增大。煤炭、电力、石油和天然气等能源在中国都存在缺口，其中，石油需求量的大增以及由此引起的结构性矛盾日益成为中国能源安全所面临的最大难题。在外交上，保证中国的石油进口是重点话题之一，中国与周边国家的东海油气田问题、钓鱼岛问题、南海问题都与国家的石油安全有关。

（三）科技创新才能实现社会的可持续发展

在人口数量短期内看不到明显下降的情况下，我国在相当长的一段时间内，国家对基本的衣食住行的需求是仍然会保持在相当高的水平上的。在能源方面，应依靠科技创新，增强社会的节能水平，提高社会的能源利用效率，尽量开发和生产出可再生能源，如水能、风能、太阳能、潮汐能、生物能等，尽量减少不可再生的矿物能源的使用比例，而开发新的能源并使之实现工业化，要解决生产中的关键性的技术问题。在资源使用方面，应尽可能实现资源的有效利用，加大对资源的利用效率，尽可能使资源可以回收利用，现有技术可以实现对钢铁、铝材、木材、玻璃等资源回收利用，但利用效率较低，成本较高，有些核心的技术问题还没有解决好，造成大量的资源成为垃圾和废料，造成了大量的土壤污染。在环保方面，为了控制温室气体的排放，就只有依靠科技，实现生产的高效率，降低生产过程中温室气体的排放量。因此，从能源、资源和环境三方面来讲，都需要依靠科技创新，实现生产的节能减排，实现企业的降本增效，最终实现社会的可持续发展，为整个人类的可持续发展做出贡献。

三、建筑施工企业的科技创新现状

（一）建筑施工企业过分看重管理

在社会主义的初级阶段，我国要实现城镇化，建筑业是国民经济的重要组成部分。建筑施工企业直接承担所有建设工程施工任务，建筑施工过程也是资源和能源大量消耗的过程，也会产生大量的环境污染。但是，现有大量建筑施工企业注重眼前利益，觉得企业的盈利靠管理，靠降低成本，不愿意将资金和人力投入到科技上，科技人才地位偏低，人员数量少、素质较差，科技成果少，转化为生产力促进企业转型升级的成果更少，导致企业的科技创新步入了一种恶性循环。

科技与管理是建筑施工企业的两个重要方

面,也是综合实力的体现,科技的对象是材料、设备、工艺,主要是技术方案的针对性、科学性、经济性,决定了企业的产品质量、安全生产、成本节约和工程进度。例如,建筑企业常见的质量通病渗漏、空鼓、开裂要靠技术措施才能在建筑工程中消除,施工中的安全隐患要靠合理科学的防护才能保证,采用先进技术如混凝土的泵送技术可以加快施工进度,采用清水混凝土墙体技术实现免抹灰,可以降低成本。管理的对象主要是针对人,尽量调动人的积极性,提高人的劳动效率和工作质量,其主要作用是预防工作中的短板。因此,只重视管理不重视科技肯定会影响企业的发展。

(二)科技投入低、创新成果少

国外相关研究表明,企业技术开发投入的多寡决定着企业技术竞争能力的大小,企业科技投资占销售额比例小于1%的,企业难以生存,占2%企业才能勉强生存,超过5%企业才有比较强的竞争力。我国的建筑施工企业,很多单位没有研发投入,大部分企业的科技研发投入只有发达国家的1/5 ~ 1/6,总体来说,我国的建筑施工企业的科技投入较低。

(三)企业科技人才存在三高二低情况

在建筑施工企业,上述情况尤其严重,主要原因体现在,建筑施工企业人员大部分不愿从事科技工作,科技队伍人员少、素质差,科技创新的力量很弱。

科技人员属于"三高两低"人员,即素质高、劳动高、风险高、收入低、地位低。首先科技人员的基本素质要求高,科技人员要能绘图、写方案、做资料,基本功太差的人员无法胜任科技岗位;其次是科技人员的劳动量大,在每天的检查、会议之后,项目的生产、质量、安全、商务人员可以回家,第二天再继续工作,但科技人员往往需要加班做方案、做资料,以便通过第二天的报审,满足现场的施工生产要求,项目的科技指标如工法、专利、科技成果、

科学研究、论文、总结等也要花费大量的时间进行编制,因而,合格称职的技术人员经常要面临大量的加班时间,本人在深圳工作时,一位项目副总工几乎每年有70%的晚上都在加班,有时甚至加班到凌晨一、二点钟,让周围的人都担忧他的身体健康;第三,科技人员的安全责任高,根据现行的法律规定,建设工程发生生产安全事故时,安全监督部门都会在第一时间封存企业的技术资料,派专人仔细审查企业相关技术方案是否存在明显技术性问题,如因方案缺陷导致安全事故,企业技术负责人和项目技术负责人均要承担一定的法律责任,情节严重的要承担刑事责任,但企业的生产、质量、商务人员等大多数管理人员则不用面临这种安全责任;第四,建筑施工企业的技术人员收入一般都比较低,按规定企业副职领导的待遇是正职领导的50% ~ 70%,但是在确定奖金时,往往企业技术负责人被认为"不重要",待遇都是靠低线,基层的项目技术负责人、技术员也面临类似的情况,同样是大学毕业生,从事生产、商务、质量、安全的技术人员工资就比技术人员要高,因此,许多优秀的年轻学生都不愿意从事科技工作,因为他们认为,该岗位收入太低,解决不了生存的问题,没有发展前途。第五,科技岗位人员主要管理技术推广和技术创新,不会有直接的人权和财权,在企业中即被视为没有实权,同事及外单位人员对科技岗位的人员就不会看重,其地位在一般眼中就是不高,做技术的人员就会有一种自卑感,所以,大多数科技人才对自己的认知是地位较低。

可以看出,如何解决上述科技投入不多、科技岗位吸引力不足的问题,直接影响建筑施工企业科技创新能力的大小,也会影响国家的发展前途和命运。本人认为,要改变这种现状,需要从加大企业科技投入和提高科技人员待遇两方面着手,下面就这两方面来阐述一些具体的想法和做法。

四、采取多项措施促进科技创新

（一）加大科技创新和投入

科技创新的主要工作是前瞻性的，具有很强的挑战性和不确定性，要经过大量的尝试和实践，例如，居里夫人经过三年多时间，才终于在成吨的矿渣中提炼出了 0.1 克镭。因此，科技创新需要大量的人员、花费大量的时间，利用大量的资源，进行大量的试验，进行大量的分析对比，才有可能取得一定的创新成果。科技创新工作的性质决定该工作有一定的难度，必须要有大量的投入，而且投入不一定有结果，但有的创新成果对于企业和社会的贡献可能是革命性的，可以创造出巨大的社会财富。例如造纸术、印刷术的发明推动了社会文化的进步，蒸汽机、电动机的发明极大地提高了人类的工业化水平，计算机的发明使社会进入了人工智能时代。因此，要认识到科技创新的特点，并注意加大科技投入，才有可能带来科技创新成果的出现。

为了实现科技创新，就要求建筑施工企业的领导者高度重视企业的技术创新工作，加大对科技工作的投入，特别是要加大对科研工作的投入。中建总公司"十二五"科技发展规划提出，中建系统建筑施工企业的科技投入不应低于当年营业收入的 0.5%，科研投入不应低于当年营业收入的 0.2%，从企业战略的高度规范了企业的科技投入和科研投入，我认为是一件积极的事情。但是，随着企业经济实力的增强，上述数值还应该得到更大的提高，最终应该达到发达国家的科技投入水平。

中建四局在"十二五"发展规划中，提出对于企业的科技研发资金，采取"先交后支"的方法，即各局属子企业在年初按照本年度的营业收入计提 0.2% 的科技研发资金，并将上述资金提前预交到局总部。在年度工作中正常的科研开支，年底进行结算审核，如年度实际使用科研资金大于计划资金，中建四局向相应子企业全额返还科研资金，如存在实际资金小于计划情况，则全部科研资金不予返还。用这种方式来强制各子企业计划好、使用好科研资金，能够消除各子企业的侥幸心理，切实做好加大企业的科研投入的工作。

（二）以科技创新促进绿色施工

建筑施工企业作为重要的社会组成部分，在"两型社会"的创建方面承担着不可推卸的社会责任。因此，建筑施工企业应加大科技投入，引导更多的优秀人才投身科技推广和科技研发工作，开展绿色施工推广和研究，促进建筑施工行业的绿色施工。具体来讲，应该在节能、节材、节水、节地、环保方面开展研究和推广。

在节材方面，应大力推广使用新型钢制、铝制模板和脚手架，减少木材的使用，研究和推广模板的早拆体系，减少模架系统的一次投入数量，研究和推广爬升脚手架和其他工具式的脚手架，研究和推广清水混凝土技术，研究现场施工垃圾的减量化和回收利用；在节能方面，应做好各种节能设备和灯具的研究和推广应用，以尽可能少的能源完成现场的施工生产；在节水方面，应加强现场施工用水、基坑降水、雨水的收集和回收使用，研究和推广可实现自养护的混凝土技术；在节地方面，应减少现场场地的占用；在环保方面，应减少对现场绿化的破坏，减少对现场土壤、空气和水体的污染，做到施工不污染环境，做好现场噪声的控制，做到施工不扰民，营造良好的劳动者作业和生活环境，让所有施工现场的建设者拥有健康的身心，更加热爱从事的建设事业。

（三）以现场管理升级促进科技创新

就中国建筑施工企业而言，科技创新仍然面临前所未有的挑战，长期以来，中国的建筑施工行业在技术创新方面重视不够，在材料、设备、工具、工序方面有影响的创新成果有限，大量古老的、高能耗的、高污染的生产方式和材料设备在大量使用，导致施工现场浪费严重、污染严重、能耗过高。形成了现场脏乱差、安全隐患多、施工成本高等特点。因此，如何利用技术手段，积极推广应用新的建筑技术，开展科技创新的研究，尽量减少现场的资源浪费，节省现场能量的使用，保护好现场环境，是建筑施工企业迫切需要解决的问题。

五、开展多项鼓励科技创新和活动

前面提到，建筑施工企业科技人员收入和地位偏低，科技工作意愿和科技创新意愿不高，成为科技创新中的一个主要矛盾。在加大了科技投入的同时，应建立相应的制度和机制，采取多种措施提高科技人员收入和社会地位，进一步调动科技人员的积极性。具体可以考虑以下方面：

（一）推动科技双优化工作

科技双优化工作是指对设计图纸和施工方案两方面进行优化的工作，通过双优化，实现节能减排，实现项目和企业经济效益的提高，企业管理者应将其中的一部分新增效益（建议10%）拿出来，奖励给相应的有功人员，例如相应的方案提出者、过程实施者、成果总结者，使科技人员真正感受到科技工作的实惠，加大科技人员努力工作的意愿，引导更多的人员从事科技工作。

（二）开展课题工资制度

对于从事科技研究工作的科技人员，当课题预期的目标实现后，应该将科研经费一部分提出，作为课题工资发放给相关的参与人员。使科技课题的参与者感受到科研工作与其他工作一样，有较好的报酬待遇。对于部分科研工作，由于技术本身的难度大，虽然课题研究人员做了大量的研究工作，尝试了各种方法，但还是无法实现预定的目标，经过专家认定，责任不在课题组人员，仍然可按规定发放课题工资。

（三）建立科技成果奖励制度

对于科研工作取得的创新性成果，企业内部可以在科研结束后对成果的经济效益进行评定，并将效益的一部分奖励或分期奖励给科技团队。这也可以进一步激发科研人员的创新积极性。

（四）对科技岗位实行补贴制度

对于特殊重要的岗位，为使科技人员安心工作，使付出得到应有的回报，在现在工资体系不变的情况下，应通过岗位补贴的办法，对相关人员进行奖励和补贴，将具有真才实学、努力工作的科技人才使用好、保护好、照顾好，解决他们的收入方面的后顾之忧，在企业真正建立尊重知识尊重人才的氛围。

（五）营造宽容失败的创新文化

技术的创新是一种全新的事物，创新工作在一定的历史条件下可能会走弯路，失败是难免的事情，如果失败了就要追究当事科研团队的责任，给他们施加过大的精神压力和经济压力，肯定会让一部分人知难而退，甚至催生一些短视的科技创新行为，如弄虚作假、欺上瞒下，这样对于企业的长期发展和实质性创新是非常不利的。因此，对于已经尽力的失败行为要以客观和实事求是的观点去认真看待，对失败者给予必要的鼓励，使他们放下包袱，继续努力，集中精力解决科技创新中的各种问题，以便实现预期的目标或者调整后的目标。

六、结论

科技创新是国家发展的核心动力，中国发展过程中的许多问题也要通过科技创新才能解决。建筑施工企业应该加大对科技创新工作的重视，加大科技投入，调动科技人员的积极性，大力推动企业的科技创新活动，以创新驱动发展，以科技引领未来。只有这样，建筑施工企业才能增强企业活力，提高核心竞争力，在市场竞争中立于不败之地，为全面建成小康社会做出更大的贡献。⑤

发展 EPC 管理模式，强化工程设计引领作用

提升专业化发展质量

吴承贵

(中建安装工程有限公司，南京 210046)

摘 要：工程建设中的 EPC 管理模式越来越多地被建筑业企业所关注。本文首先对 EPC 管理模式进行浅析，阐述了通常意义上的 EPC 的定义、简要发展历程、基本理论、主要特点以及与传统施工总承包模式的比较分析，明确 EPC 管理模式的优点和适用性。其次结合中建安装公司的基本情况，阐述中建安装发展 EPC 管理模式的必要性，以及中建安装对采取该项管理模式在以设计为引领的理念中进行的有益的探索和尝试。最后总结了近三年来该项管理模式为中建安装带来的成效，促进了中建安装规模和效益的快速发展。

关键词：EPC 模式；强化设计；探索与尝试；发展成效

1 EPC 管理模式浅析

1.1 EPC 管理模式的定义

EPC（Engineering-Procurement-Construction）项目管理模式即"设计－采购－施工"模式，是指建设单位作为业主将建设工程发包给总承包单位，由总承包单位承揽整个建设工程的设计、采购、施工，并对所承包的建设工程的质量、安全、工期、造价等全面负责，最终向建设单位提交一个符合合同约定、满足使用功能、具备使用条件，并经竣工验收合格的建设工程的承包模式。

1.2 EPC 发展历程

EPC 总承包模式是当前国际工程承包中一种被普遍采用的承包模式，其规范运作程序源于国际咨询工程师联合会（FIDIC）1995 年出版的《设计－建造总承包与交钥匙工程合同条件》、1999 年出版的《设计、采购和施工合同条件》以及《生产设备和设计－施工合同条件》等国际工程承包普遍使用的合同范本。在我国，这种承包模式已经开始在包括房地产开发、大型市政基础设施建设等在内的国内建筑市场中被采用。

1.3 EPC 总承包模式的基本理论

EPC（Engineer-Purchase-Construct）模式即设计－采购－施工一体化的工程总承包模式。在 EPC 模式中的设计不仅包括一般意义上的具体的设计工作，而且包括整个合同承包范围内工作内容的总体策划和协调工作，采购也不

是一般意义上的建筑材料设备采购，而是按照业主要求中的内容，有可能包括项目投产所需要的全部材料、设备、设施等的采购协调、配合、必选等，而与设计采购一体化的施工工作内容则包括了从设计到投产（根据业主要求）所需要进行的全部施工与协调、安装、试车、技术培训、交钥匙等方面。通过分析国外和国内 EPC 合同的实践，我们可以概括出如下 EPC 总承包模式的基本理论。

1.3.1　高效从简原则

研究 EPC 模式，首先需要了解的是该种模式产生的市场背景和目的。我们认为 EPC 模式主要是源于业主希望减轻建设程序的管理负荷与压力的初衷，并通过减少管理主体、管理环节、提高对总承包人的要求、提高收益回报、总体风险包干的方式来实现合同目的。

在传统的施工总承包合同中均设置了工程师，在国内我们通常称为监理人，有的项目还另外设置了项目管理人，一般情况下均赋予了工程师非常之多的权利和义务，实际上工程师在施工总承包合同中是发包人在总承包合同履行过程中的技术经济工作的专业代理人。由于存在这样一个主体，因此在施工总承包合同履行过程中不可避免地需要增加工程师与业主、工程师与总承包人之间的往来工作和协调，众多的管理流程，如指令、变更、索赔、竣工、结算等环节均因此而需要增加大量的中间环节，如此势必导致效率下降，时间延长。而在 FIDIC 合同文本中，典型的 EPC 交钥匙合同并没有设置工程师，这种做法的目的就是为了尽可能地减少合同履行过程中的主体，以及主体之间的工作往来，将全部工作内容交给总承包人去负责完成，从而节约管理程序，提高运行效率。

EPC 合同的这个原则，从根本上是为了解决减少业主负担、释放业主管理压力的问题。同时通过选择有经验和能力的高水平总承包商来完成业主的预期目标。

1.3.2　固定业主风险原则

尽管在传统的施工总承包合同模式中也存在固定总价和固定单价等固定合同价格风险的形式，但是由于传统施工总承包中承包人无法参与到设计当中，因此必然会出现业主提出变更的情况，一旦出现业主变更就需要对工程的工程价款以及工期进行调整，实际上无法达到固定工程价款的初衷，因此绝对不可调的固定总价合同是比较少见，往往是暂估价加上洽商变更的合同价款形式。

而在 EPC 模式中，业主与总承包人签订 EPC 合同，把建设项目的设计、采购、施工服务工作全部委托给工程总承包商负责组织实施，业主只负责整体的、原则的、目标的管理和控制。设计、采购和施工的组织实施是由工程总承包人统一策划、统一组织、统一指挥、统一协调和全过程控制的，只要不涉及业主要求的变更，施工总承包中出现的设计变更等问题在 EPC 模式下其风险均应由工程总承包人承担。从而业主风险在合同签订之初就可以得到很好的固定，工程实施过程中，业主工程价款以及工期风险也可以得到最好的控制。

1.3.3　总承包人高度协调原则

在 EPC 模式下业主除了提出业主要求，在签订合同后，工程的具体实施均由工程总承包人负责，包括勘察、设计、采购和施工等具体工作全部由工程总承包人承担。工程总承包人可以按照业主要求，具体协调参与工程的各个单位的工作进度以及工作流程，可以极大地提高工程实施的效率，最大限度地降低工程成本保证工期目标。

1.3.4　高回报原则

在 EPC 模式下，工程总承包人承担了大部分的工作内容以及风险，而回报相应地也会是比较高的，业主介入具体的组织实施程度较低，总承包商更能发挥主观能动性，运用其管理经验可以创造更多的效益。

1.4 EPC 总承包模式的特点

总承包人依照合同约定向业主交付 EPC 项目的工程产品，业主按照约定向其支付工程产品价款和报酬。具体 EPC 总承包模式的特点如下。

1.4.1 以发包人要求为核心管理要素

发包人在招标文件中明确提出该要求。该发包人的要求为发包工程的基本指标，一般包括功能、时间、质量标准等基本并非详细的技术规范。各投标的承包商根据业主要求，在验证所有有关的信息和数据、进行必要的现场调查后，结合自己的人员、设备和经验情况提出初步的方案，业主通过比较评估，选定中标的 EPC 总承包商，并签订合同。

1.4.2 以总承包商为履约核心

由总承包人自行完成对整个工程项目的设计与采购施工一体化的策划，并对发包人提供的全部数据信息进行复核和论证，设计、生产（制造）及生产产品所需物资的采购、调配和 EPC 项目的试运行管理，直至符合并满足业主在合同中规定的性能标准。

总承包商在此合同项下的风险较施工总承包合同要大很多，包括发包人在招标文件以及其后程序中提供的全部资料和数据信息，总承包人均需要复核，发包人对此类文件和数据的完整性、准确性不承担责任，除非合同另有约

定或属于总承包人无法复核的情况。

业主对工程项目的工作控制是有限的，一般不得干涉承包商的工作，但可对其工作进度、质量进行检查和控制。发包人和总承包人在 EPC 合同中的分工见表 1。

1.4.3 根据实际项目需要，扩展合同范围

合同实施完毕时，业主获得一个可投产或者运行的工程设施。有时，在 EPC 总承包模式中承包商还承担可行性研究的工作。EPC 总承包如果加入了项目运营期间的管理或维修，还可以扩展为 EPC 加维修运营（EPCM）模式。

1.5 传统施工总承包模式

施工总承包模式（GC）。该模式是 19 世纪初在国际上比较通用的一种传统模式。这种模式最突出的特点是强调工程项目的实施必须按照设计 - 招标 - 建造的顺序方式进行，只有一个阶段结束后另一个阶段才能开始。采用这种模式时，业主与设计单位签订设计合同，设计单位负责提供项目的设计和施工文件。在设计单位的协助下，通过竞争性招标将工程交给报价和质量都满足要求的投标人（总承包商）来完成。在施工阶段，监理人员通常担任重要的监督角色，并且是业主与承包商的沟通的桥梁。

由于长期广泛地在世界各地采用施工总承包模式，经过大量工程实践的检验和修正，这

EPC 项目中业主和承包商的工作分工　　　　表 1

项目阶段	业主	承包商
项目实施准备	组建项目机构，筹集资金，选定项目地址，确定工程承包方式，提供功能性要求，编制招标文件	
发包方案确定	对承包商提供的招标文件进行技术和财务评估，签订合同	递交投标文件，签订合同
项目实施	检查并控制进度、成本和质量目标，分析变更和索赔，并根据合同进行支付	设计与优化，设备材料采购和施工单位选择，全面进行设计与采购、施工的管理与协调，控制造价
移交和试运行	竣工检验和竣工后检验，接受工程，联合承包商进行试运行	接受单体和整体工程的竣工检验，培训业主人员，联合业主进行试运行，移交工程，修补工程缺陷

种模式的管理思想、组织模式、方法和技术都比较成熟，参与项目的业主、设计单位、工程师、承包商各方在合同的约定下形成各自的权利，履行各自的义务。业主可以自由选择设计人和监理人对项目的实施过程进行监督。传统施工总承包模式的缺点主要表现为：

（1）项目管理的技术基础是按照线性顺序进行设计、招标、施工管理，因建设周期长而导致投资成本容易失控。

（2）由于承包商无法参与设计工作，设计的"可施工性"差，设计变更频繁，导致业主与承包商之间协调关系复杂，同时导致索赔频发而增加项目成本。

1.6 施工总承包模式与EPC模式的比较分析

1.6.1 EPC承包模式的优点

（1）能更好地降低项目成本、缩短建设周期、保证工程质量。由于承包商能充分发挥设计主导作用，有利于实现施工统筹安排，易于掌控项目的成本、进度和质量。

（2）对业主来说，合同关系比传统模式简单，组织协调工作量较小，而且责任明确。

（3）业主承担风险较低。

（4）对承包商而言，承担风险较大，同时获利空间也比较大。

1.6.2 EPC承包模式下对承包商的要求

（1）要具备较强的风险承担能力。由于在此模式下，项目的不确定性比较大，可变性强，因此承包商承担着更大的风险，这就要求承包商企业能够进行准确的企业市场运营定位和成熟完善的企业运营风险防范手段，以及顺畅的企业融资能力和渠道，同时也要具有紧密、良好的战略合作伙伴。

（2）具有为业主提供全过程（EPC）优质服务和连续服务的意识和能力。

（3）具有对项目有效的运营管理和组织协调手段及企业严密的运营管理程序、简约的运营渠道、高速的经营效力、准确的运营成本

等方面的能力，因此总承包人要能科学建立企业有效的组织机构和科学创建完善的企业运行制度以及科学的项目管理体系。

（4）具有对EPC工程技术的研究和开发能力，因此总承包人要有强大高端人力资源支持。

施工总承包模式与EPC模式两者的比较详见表2。

2 中建安装为什么选择发展EPC管理模式

2.1 中建安装简介

中建安装是一家以工业设备安装施工为主营业务的专业化公司。主营业务包括石化工程、石化装备制造、机电安装工程和市政水务工程。近年来公司不断调整产业结构，逐年加大石化业务的比例，特别是不断培育石化工程设计能力，提高设计资质，增强核心技术力量，综合实力不断提高，为石化工程总承包奠定了雄厚的基础。公司大力发展以设计为龙头的石化工程总承包管理模式，企业规模和效益大幅度提升。2011年公司新签合同额135亿元、营业收入72亿元、利润总额为4.6亿元，近三年新签合同额、营业收入、利润都保持大幅度的增长，强化以设计为龙头的石化工程总承包模式的实施取得了良好的效果。

2.2 发展EPC管理模式扩大规模、提高收益

随着我国建筑市场的快速发展和项目管理水平的不断提高，建筑业企业传统的工程项目管理模式已经远远不能够满足市场需求。特别是大型建筑业企业，如果仅局限于传统的工程施工管理模式，在现有的经济体制下发展必然会面临许多阻碍。根据企业自身优势，选择适合的管理模式就显得越来越重要了。

在这种情况下，中建安装选择工程项目一体化服务，向产业链上下游拓展发展空间成为实现跨越式发展的必经之路。工程设计是工程总承包的重要组成部分，发展以设计为龙头，引领EPC工程总承包产业模式是企业继续扩大规模、提高收益的重要途径。

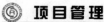

施工总承包模式与 EPC 模式之比较 　　　　　　　　　　　　　表 2

对比要素	施工总承包	EPC 模式
适用范围	一般房屋建筑工程、土木工程项目，适用范围广泛	规模较大的投资项目，如大规模住宅小区项目、石油、石化、电站、工业项目等
主要特点	设计、采购、施工交由不同的承包商按顺序进行	EPC 总承包人承担设计、采购、施工，可合理交叉进行
设计的主导作用	难以充分发挥	能充分发挥
设计采购施工之间的协调	由业主协调，属外部协调	由总承包人协调，属于内部协调
工程总成本	比 EPC 模式高	比施工总承包低
设计采购和安装费占总成本比例	所占比例小	所占比例高
投资效益	比 EPC 模式差	比施工总承包模式好
设计和施工进度	协调和控制难度大	能实现深度交叉
招标形式	公开招标	邀请招标或者议标
承包商投标准备工作	相对 EPC 模式较容易	工作量大，比较困难
风险承担	双方承担，业主承担风险较大	主要由承包商承担风险
对承包商的专业要求	一般不需要特殊的设备和技术	需要特殊的设备、技术，而且要求很高
承包商利润空间	相对 EPC 模式较低	相对施工总承包较大
业主承担项目管理费	较高	较低
业主涉及项目管理深度	较深	较浅

2.3　中建安装为什么要发展设计

2.3.1　发展设计是公司传统产业价值链的延伸，是专业化发展的需要

　　中建安装是一家以石化工程为核心业务的工业设备安装公司。公司原来的经济模式主要是施工总承包和专业分包。纯粹的施工环节竞争惨烈，利润微薄，已经远远不能满足公司成功完成二次改制、提升资源利用平台后快速发展的步伐。因此公司果断制定一体化发展的战略，向附加值较高的产业链上下游延伸。发展设计的目的是实现设计与施工的有效整合，提高企业的一体化服务能力，进一步提高专业化水平，从而能够在全产业价值链去挖掘更多的机会，培育企业核心竞争力，提升企业的竞争优势。

2.3.2　设计是工程总承包的核心，是引领产业转型升级的需要

　　工程总承包是设计、采购和施工一体化的产业模式。在工程总承包项目中，工程设计就是项目策划的开始，是工程进行设备材料采购、现场施工的基础和依据，是 EPC 工程总承包项目的核心。设计与施工的有效整合管理，可以通过协同效应，最大限度地克服以往设计与施工管理脱节的种种弊病，降低施工成本，确保项目产生更多的收益。发展以设计为龙头的工程总承包业务模式，改变企业以往单一的施工总承包模式，增强公司自身参与和整合产业链上下游环节的能力，提高企业的竞争力，引领企业产业转型升级，推动企业的可持续发展。

2.3.3　设计带动总承包项目体量大，是公司规模发展的需要

　　目前建筑企业利润率平均不足 3％，利润率相对较低。在企业资源相对短缺的情况下，控制项目数量，提高项目体量从而满足规模化发展成为中建安装的必然选择。中建安装主要从事石化工程业务，石化项目具有投资大、工

期短的特点，从目前公司承接项目情况来看，以设计带动工程总承包业务模式承揽的项目体量都在1亿元以上，体量最大的中国东辰20万吨/年联合芳烃项目，合同额近7亿元。大项目的实施，有利于公司集中优势资源，专心致力于项目管理，全面带动公司的规模化发展。

2.3.4 优化设计可降低施工成本，是公司提高收益的需要

以设计带动工程总承包项目，可以从设计源头优化设计，有利于工程费用控制。在此类项目中，公司可以合理安排设计进度、设备供货进度与施工进度，使之有效衔接，有利工期控制。工程总承包让项目由原来设计、采购、施工三个层面独立实施，变为三方联动实施的合力，有利于提高管理效率，既摆脱了传统的低端竞争，也提高了公司的收益。

2.3.5 发展设计是先进的建筑企业的基本模式，是公司"国际化"发展的需要

工程总承包是海外建筑公司的基本模式，其优点和优势不断地被提及和挖掘，是我国建筑业倡导和积极推行的发展模式。海外石化项目绝大多数都是采用工程总承包模式。中建安装作为石化工程专业公司，积极培育设计带动总承包有利于参与国际市场的竞争，逐渐摆脱工程低端的承包环节，增强实力参与主流市场的竞争。同时随着国内市场准入和适应性等方面的限制逐渐放开，越来越多的国际承包商进入中国市场，国内业主逐渐需要更高标准的全面且专业化的服务，在这种情况下，中建安装发展设计，也是为了满足在国内市场中增强核心竞争力的需要，为公司与国际化大公司在国内市场同台竞技奠定坚实的基础。

3 中建安装如何发展设计带动总承包

3.1 建立自己的设计力量，打造核心技术优势

为加快企业高端业务的发展步伐，提高企业承接EPC总承包的能力，提升企业核心竞争力，自2006年起，中建安装就从外部引进一批高端设计人才成立了自己的石化设计院。设计院成立之初就介入了广州电视塔的项目中，通过精心优化设计，以深化施工图设计为切入点，努力减少消耗，降低成本，初显设计成效。

为加快设计引领EPC石化工程总承包的进程，2008年中建安装收购了南京医药化工设计研究院。南京医药化工设计研究院有限公司创建于20世纪80年代中期，2001年改制为有限责任公司，2008年以前是南京地区唯一的以化工石化医药工业设计为主的综合性设计院，2008年被中建安装全资收购后与中建安装石化设计院合并。2010年中建安装又完成了上海机电深化设计和钢结构深化设计的资产收购和重组，至此，中建安装正式形成了一支近200名设计人员的设计队伍。同时设计院根据公司的发展需要，进行了一系列设计资质的申领和升级。公司目前具有国家建设部批准的"化工石化医药行业甲级"工程设计资质、"建筑行业建筑工程甲级"工程设计资质（含轻型钢结构工程设计、消防设施设计、建筑装饰工程设计、建筑幕墙工程设计、建筑智能化工程设计、照明工程设计共6个专项设计资质）、商务粮行业成品油储运工程设计乙级资质以及相应压力容器、压力管道设计许可证和工程咨询资格。目前，设计院已形成具有一定综合实力的甲级设计院，具有较强的石化、化工、医药、建筑工程、深化设计、钢结构深化设计的设计能力。

以工程设计业务为基础，以工程总承包业务为核心，依靠突出的技术优势、技术创新能力，大力开拓工程总承包业务是中建安装长期经营战略。企业占据了管理优势、技术优势、品牌优势就占据了市场的优势。设计院目前10年以上的设计业务骨干大多是从南京金陵设计院转来，他们在石油化工设计领域具备了较深的技术沉淀。同时为进一步提升市场竞争力，设计院通过引进高端炼油工艺和加热炉设计方面的技术人才，通过选择有技术优势的团队进行设计合作，逐步形成了自己的专业特色，近几年在中建安装的大力支持下承接了多个单罐 10 万立方米，总罐容 200 万立方米库区，储运专业设计能力在江苏省地区化工设计院中占据了主导地位。机电深化和钢结构深化设计对项目过程中方案的整体优化，经济效益非常明显，在建设质量得到保证的同时缩短了建设工期、降低了工程投资，企业的核心竞争力进一步得到提升。

3.2 引进和培养专业人才，打造人才优势和竞争优势

企业的竞争最终是人才的竞争。中建安装在大力支持设计院基础条件建设的同时，通过各种优待政策加大对设计院专业技术人才的引进。2006 年至今设计院从国内著名石化设计院引进了一批有二十多年设计经验的设计和项目管理人才，快速形成了专业配套、管理体系完善、设计经验丰富的设计队伍。目前拥有国家注册化工工程师、一级注册建筑师、一级注册结构工程师、注册电气工程师、注册暖通工程等国家注册人员近 50 人，中高级职称人员比例达 57%。

为保证设计院具有一支高素质的科技人才队伍，按照公司 831 工作的要求，我们在现有技术队伍的基础上，结合公司未来发展方向和要求，通过引进高素质技术人才有计划招收急需专业的高校毕业生在工作实践中培养，同时通过"团队学习与个人学习相合、以老带新与以新帮老相结合、走出去与请进来相结合、组织激励与自我鞭策相结合"的方式，对现有技术人员进行再培训来造就一支比较强大的设计人才队伍，为拓展引领中建安装 EPC 工程总承包夯实了基础。

3.3 配备先进的设计软件，打造科技优势

设计院成立以来，在中建安装的大力支持下，各专业配备了先进的设计软件。设计软件投入费用达 360 万元。近年来先后配置了 PRO2、CASER2、PDMS、ASPEN 工艺流程模拟软件、HTFS 换热器计算软件、CCAS2.0 规划总图设计软件、SW3 过程设备强度计算软件、PKPM 结构计算软件、ABD 三维建筑软件等。为加快先进的设计方法、软件的应用，设计院组建工艺流程模拟、管道应力计算、PDMS 三维设计等三个工程设计应用组，目前已实现了对大型设计软件 ASPEN、PRO2、CASER2、PDMS、HTFS 等的实际应用。先进软件的配备和应用，提升了设计院的设计水平和设计质量，同时也提高了设计效益。

3.4 配置一流的办公环境，打造良好的企业形象

良好的工作环境是企业高效工作的必要条件，也是留住人才的关键。近年来，中建安装对设计院投入了大量的物力，财力用以改善设计院的软硬件设施。2011 年中建安装又投入数千万，购置了紫东创意工业园区近万平米的一栋新办公楼，该创意园属高新产业园区，处于南京"灵山—龙王山"绿色生态廊道的起点，具有良好的生态环境，便捷的交通网络和完善的生活配套。新办公楼已于 2012 年 7 月交付使用。这是一座新颖别致、宽敞明亮、具有时代感的科研设计大楼。新办公区的设立体现了中建安装设计院全新企业形象，同时为对接高端客户和海外客户提供了良好的商务交流和沟通场所，为设计院的快速发展创造了十分有利的先决条件。

4 近三年发展设计带动工程总承包所带来的效果

近三年来，中建安装持续推进了石油化工的工程总承包的工作，发挥设计在工程总承包的引领作用，先后承接并执行了浙江信汇新材料有限公司 5 万吨 / 年丁基橡胶工程、营口港二期 72 万立方米原油储罐工程、营口港三期 120 万米 3 原油储罐工程、山（下转第 87 页）

浅谈国有建筑施工企业人力资源管理

李清超

（中建八局第三建设有限公司，南京 210046）

摘　要：目前国有大型建筑施工企业的人力资源已经成为影响企业发展的重要因素。本文结合国有大型建筑施工企业的特点，对国有大型建筑施工企业人力资源管理存在的问题进行了认真剖析，指出国有建筑施工企业落后的管理体制、用人机制和人才流失是导致人才短缺的重要原因。从深化企业体制改革、推进人才引进、培养、激励以及企业文化建设等方面，提出了解决人力资源的对策，力求为国有大型建筑施工企业有效解决人才问题提供一些积极而有价值的建议。

关键词：国有；建筑施工企业；人力资源

一、国有建筑施工企业的特点

目前建筑行业的激烈竞争和行业利润率普遍较低，这使得大部分的建筑企业难以提供高薪、高福利来吸引人才。而且，一般来讲建筑企业的稳定性比其他行业企业差，不管内部还是外部环境的变化，对建筑企业的影响比对其他行业企业的影响大的多，所以对于人才而言，在建筑企业发展的风险要高于在其他企业。

（一）工作流动性大

施工单位的工作性质决定了员工必须常年在外工作，经常是一个工程项目刚结束，马上就要奔赴另一个工程项目，常年奔波在祖国各地，有的甚至需要到国外参加工程项目建设，与亲人朋友团聚的时间很少。

（二）生活、工作环境差

施工单位大都工作在机声隆隆，尘土飞扬的施工场地，每天早出晚归，沐雨栉风，顶烈日冒严寒，甚至洗个澡都困难。很多项目施工一线，电视、报纸都很难看到，一年难得有一、两次文体活动，精神生活匮乏，很多人感到无聊、空虚、寂寞。

（三）工资待遇低

施工单位的管理人员工资较低，刚参加工作也就 2000 元左右，除去日常开支消费，一年净收入更少，而结婚购房养家的经济压力更大，加之离家遥远，每年探亲费用也是一笔不小的开支。如果单位经营不善，员工收入更低。

（四）工作强度大

施工单位大都每天早上 7 点上班，甚至更早，晚上 7、8 点下班，白天在工地跑现场，晚上加班整理内业资料，每天大都工作在 10 小时以上，而且基本没有星期天和节假日。遇到特殊情况，工期紧，更是不分昼夜、通宵达旦地工作，抢进度，赶工期，甚至父母生病、爱人生产也难得回去照顾看望。

（五）管理较落后

施工企业管理体制和管理机制转变较慢，管理新思想、新制度、新技术推广较慢，加之施工企业单位领导素质参差不齐，部分领导管理能力和管理方法有限，喜欢凭感情、靠经验办事，决策不够科学，导致部分企业骨干对企业未来前景缺乏信心。

二、当前国有施工企业人力资源管理中存在的主要问题

国有施工企业一般成立时间较长，经过多年的发展，人力资源具有一定的基础和优势，但是普遍存在以下问题：

（一）人力资源总量不足、结构不尽合理，人员的总体素质不高

与新时期国有施工企业人才需求相比，一是企业需要的专业技术人员、经营管理人员数量严重不足，生产经营一线尤为突出，成为企业发展的"瓶颈"。二是人才结构不合理，初级职称人员多，高、中级职称人员少，教授级职称人员稀缺；中专、大专学历人员多，本科、研究生人员少；工程技术人员相对多，熟悉企业的经济、财务、投融资、项目运营、国际工程承包、法律人员等经济管理专业人员少，制约企业管理提升和多元化发展。三是冗员过多，高素质人才紧缺。企业普通型员工相对富余，优秀的企业经理、项目经理、技术专家、经营管理能手、高技能人才非常缺乏。

（二）人才队伍不稳定，人才流失现象严重

施工企业作为工程项目的建设者，组织机构一般随着工程项目的具体情况来组建，工程一完工，项目部就解散，下一个项目人员组成又要重新调整。因此，施工企业的人力资源分散明显，流动性强，员工缺乏归属感，尤其是一些80后、90后的大中专毕业生不愿意下工地吃苦，去了工地也很难长期坚持，因而造成员工队伍不稳定。同时，建筑行业的人才需求非常旺盛，一些施工经验丰富、技术水平较高的人才纷纷流向待遇好的房地产、建设、监理单位和民营企业，施工企业成了人才培训基地，一些施工企业招收的大中专毕业生3年内流失率高达30%。

（三）人力资源管理观念落后，未建立有效的人力资源管理机制

一是很多企业领导虽然意识到人力资源管理的重要性，但是缺乏战略思维，没有从企业发展战略的高度来部署人力资源工作。二是人力资源管理队伍大多缺少专业的人力资源管理知识，从事的是工资分配、人员调配、晋升、培训等传统的劳动人事工作。三是企业没有制定人力资源规划，未科学确定企业中长期人才需求的数量和结构。四是人才招引时未充分考虑人才结构和人岗适配问题，把关不严，对生产经营管理急需、紧缺的高素质人才、新型人才引进渠道不广。五是没有建立分层分类的培训体系，培训缺乏系统性、全面性；培训内容未突出重点，对新理论、新理念、新技术、新工艺、新设备、新材料的培训不及时、不深入；对培训者考核不严格，培训效果不理想。六是绩效考核流于形式，没有建立一套系统、科学、分层次的绩效考核体系，关键考核指标设置不科学完善，未体现企业各管理层次的岗位特点、项目特点。七是薪酬管理模式单一，大多数实行岗位绩效工资制，没有建立高、中、基层、项目部的多元化薪酬管理模式，没有根据专业系列制定专项薪酬激励措施，存在新型的"平均主义"现象。八是没有建立以业绩和能力为导向的人才考核选拔任用机制，仍采用伯乐"相马式"组织考察选用人才办法，没有实行内部竞争上岗、社会公开招聘的"赛马式"选拔人才方法。干部能上不能下，企业人才职业发展通道单一，往往只有通过管理岗位上升才有相应的待遇，没有设置技术人才、高技能人才成长的机制。

三、改进国有施工企业人力资源管理工作的主要对策措施

国有施工企业要做大做强，又好又快地发展，就必须大力推进人才强企战略，建立健全引才、育才、用才、留才的人力资源管理机制，提升企业的人力资源管理水平，实现企业与员工的共赢。

（一）以人为本，树立人才强企战略思想

国有施工企业领导必须牢固树立"人才资源是企业第一资源"的思想观念，把人才工作放到战略和全局的高度去谋划，时刻把人才队伍建设作为决定企业发展前途的大事来抓。一要树立"一把手抓第一资源"的观念，建立健全人才建设领导体系，层层抓落实，形成齐抓共管的运行机制。二要科学系统地制定人力资源发展规划，大力培养和造就适应企业发展需要的数量充足、结构合理、素质优良、效能显著的各类人才队伍，成为企业发展战略的重要支撑。三要树立以事业吸引人才的观念。种下梧桐树，引来金凤凰。企业要积极抓住当前建筑市场发展重要战略机遇期，不断开拓新领域，创造新的经济增长点，以广阔的事业吸引、留住优秀人才，实现企业由劳动密集型逐步向技术密集型、管理密集型、资本密集型转型。四要树立人才工作先行的观念。人才的培养与聚集，是企业科技进步和经济发展的先决条件，有充足的人才作为保证，企业的发展才能成为有源之水、有本之木。五要树立人才市场化观念，一流企业必须有一流的人才，要面向市场广纳人才，为我所用，要以市场化薪酬招引人才，要引入竞争机制选拔人才。

（二）坚持实用原则，加大人才招引力度，科学配置人力资源

根据企业人才发展规划和现有人力资源状况，在充分了解人才总量和结构需求的基础上，有计划招引企业所需人才，做好人才储备，满足生产经营管理急需的人才。一要坚持实用原则，"合适的人才才是最好的人才"，进行人才数量、学历、专业、素质细分，从源头上保证人才的合理配置，不要片面追求高学历、高职称。二要广纳人才，拓宽人才招引渠道，有计划、有目的地到建筑及相关专业较强的大中专学校挑选优秀毕业生，提高人才来源质量和人才成长的起点。要采用"拿来主义"，为我所用，及时引进有丰富经验的社会人才和海外人才，补齐人才"短板"，特别是补充急需建造师、投融资、法律、商务管理等高素质人才。三是借脑引智，柔性引才，建立企业外部人才智库。对企业目前从事的高端、技术领先的项目或新领域，一时难以招聘到合适人才，可以业务咨询、专家研讨、项目外包等形式聘请学校、科研机构、同行业的专家、中介机构，作为企业人才的有益补充，"不求所有，但求所用"。

（三）突出重点，加大人力资源培训与开发

国有施工企业要着力打造高素质的市场营销人才、商务管理人才、工程技术人才、建造师人才等人才队伍。一是加大人力资源培训与开发投入。树立"培训不仅是成本支出，更是人力资源增值升值"的正确理念，设立专项人力资源培训基金，为人力资源的培训与开发提供资金保障。二是突出重点，创新培训方式方法。要建立分层次分专业类别的培训体系，明确各级培训内容与人员类别。坚持内外培训结合，分析员工的培训需求，"干什么学什么"、"缺什么补什么"，加强对紧缺人才的培训，学习新知识、新理论、新技术、新工艺；建立内部教师团队，以项目为依托，对大型、技术难度大、管理复杂的项目举办内部专项培训班、完工后技术管理总结交流会等；坚持现场教学与网络教学相结合，克服施工人员分散难以集中学习的困难；广泛开展岗位练兵、技术比武、导师带徒、岗位轮换等培训方式，积累施工经验，提高解决问题的实际能力。三是建立相关激励

与约束机制。要建立将员工的素质提升、培训教育与员工的选拔任用、绩效考核、薪酬有效结合的机制。除对企业组织的培训项目报销费用外，对个人利用业余时间获得高一级学历、学位证书报销部分或全部学费；对获得职称、执（职）业资格的员工根据级别发放相应的月度津贴，对企业紧缺的建造师、造价师、注册会计师等执（职）业资格员工考试通过后给予一次性奖励及月度津贴；对内部导师带徒的师傅或导师发放津贴。为防范风险，与员工签订培训协议，规定服务年限，保证企业的利益。四是实行人才梯队培养计划。各级领导要对项目管理、经营、技术、财务、经济、人力资源等系列的人才要压担子，轮岗锻炼，通过实践发现优秀人才，重点培养，根据员工的专业特长、业务能力、发展潜力、性格特点有计划进行人才梯队建设。

（四）实行目标管理，科学制定绩效考核体系

一是全面建立分层分类的绩效考核体系，一般对高层实行资产经营责任制、对中层实行生产经营承包责任制、对职能部门实行目标管理、对项目部实行目标成本责任制的考核办法。二是对各层次的目标设定要科学、可操作，能抓住关键绩效指标。其中对公司、分公司这一层次考核要与产值、承接任务量、利润、资金回收率、技术创新、质量、安全、文明施工等指标挂钩，项目部这一层次要与成本、资金回收率、技术创新、进度、质量、安全、文明施工等指标挂钩。对职能部门、班组能量化的尽量量化，不能量化的要细化，可将管理要求、布置任务作为考核内容。三是合理确定各层次的考核频次，对公司、分公司一般实行年度责任承包考核，对项目部实行月度、关键节点、完工考核。对职能部门实行月度、季度、年度考核。四是考核时要通过述职、审计、查阅相关资料等方法，力求信息对称，各绩效指标考

核公正准确，有信服力。五是根据考核情况确定考核结果，一定要与各自的薪酬挂钩，奖优罚劣。

（五）建立基于绩效的多元化薪酬管理体系

企业薪酬对内要具有激励性，对外要具有竞争性，才能更好发挥其留住人才的作用。首先，要进行市场调研和分析，了解企业各代表岗位薪酬的市场水平，对骨干以上、紧缺的人员采用领先市场平均水平的薪酬策略，对一般员工采用跟随市场平均水平的薪酬策略。第二，根据不同管理层次的考核办法建立与之挂钩的薪酬制度，体现不同类型人员的岗位特点。对公司、分公司领导一般实行年薪制，由基本薪酬和年度绩效薪酬构成；对职能部门实行岗位绩效工资制，薪酬一般由岗位工资和月度、季度、年度绩效工资构成；对项目部实行期薪制，薪酬由岗位工资和月度、节点考核、竣工考核绩效工资构成，竣工考核后根据资金收取的情况分期支付绩效工资；对作业层的操作人员结合实际分别采用工程量计件制、岗位绩效工资制、月工资包干制；实行特殊人才特殊分配政策，对紧缺的人才实行协议薪酬。第三，设立特别的绩效奖励。对在经营开拓、科技创新、质量创优、管理创新等方面为企业做出突出贡献的优秀人才设立专项奖励，以充分调动各系列员工的积极性。第四，对取得超额利润的单位实行超利润提成方式，实现利润共享。

（六）建立健全以业绩和能力为导向的人才选拔使用机制

正确的人才选拔任用机制是企业留住优秀人才的主要因素。一是建立以业绩与能力为导向的人才评价和选拔任用机制，建立和落实任职资格、能力评价、业绩考核、竞争上岗、公开招聘等管理制度，由"相马"考察委任制改为"赛马"竞争聘任制，面向企业、面向市场广纳优秀人才，让优秀人才脱颖而出。通过年

度和任期考核，对业绩突出的领导班子成员继续留用或晋升，对业绩不佳、未完成考核指标的坚决撤换或降职使用，做到"能者上，平者让，庸者下"。二是建立管理人才和专业技术人才、技能人才三条职业发展通道，指引不同性格特点和专长的人才分别往管理、专家、操作能手通道上发展，给予相当的待遇，避免挤在管理"独木桥"上，留住优秀的专业技术人才和高技能人才。三是加强企业内部人才的合理流动，尤其是通过工程项目加强人才的选拔和交流使用，让想干事的人有机会，能干事的有舞台，干成事的有发展，做到"干一个项目，培养一批人才"。四是树立典型，营造良好的用人氛围。企业要开展杰出人才、优秀科技人才、优秀项目经理、优秀青年、岗位能手、高技能人才等优秀人才的评选活动，物质奖励与精神奖励并用，加大宣传力度，引导人才在各自岗位创优，发挥榜样示范作用，营造尊重人才的良好氛围。

（七）营造优良的企业文化环境

加强企业文化建设，以优势的企业文化吸引人、激励人。把员工真正看作是企业的主体和主人，充分发挥员工的积极性、主动性和创造性，形成企业向心凝聚的文化，实现"以人为本"的企业文化管理。加强对企业核心价值观、企业精神、企业理想、企业理念等在内的理念系统的宣传、灌输，使之得到员工的认同、为员工所接受、成为员工的准则和追求。加强

施工一线员工的思想政治工作，随时掌握员工的思想情况，做好理顺情绪、化解矛盾的工作，改善施工现场工作环境，加强项目工地文化建设。牢固树立"科技兴企，人才兴企"的理念，形成尊重知识、鼓励创新、鼓励优秀人才脱颖而出的企业文化，增强企业人才凝聚力。

（八）重视自身建设，提升人力资源队伍素质

"打铁要靠自身硬"。人力资源管理者必须与时俱进，掌握和运用现代人力资源管理理念和方法，卓有成效地开展人力资源规划、招聘与配置、培训与开发、薪酬福利、绩效考核、劳动关系等工作，服务发展、服务人才，做到专业化、职业化。要逐步实现人力资源管理信息化，建立人才信息库，快速准确地进行人才的数据分析和研究工作，提高管理效率，当好领导的参谋助手。

随着宏观经济环境的改善，建筑企业面临着巨大的发展机遇。同时随着经济开放程度的提高，建筑企业面临的竞争也迅速加剧。人才也已成为企业确立竞争优势，把握发展机遇的关键。可以说"重视人才，以人为本"的观念已被广泛接受。但从接受一个观念到将观念转化为有效的行动，还需要一定的过程，而且是比较艰难的过程。在这个过程中，有效的方法是根据内外环境的实际情况，因地制宜制定相应的人才策略，并在实际中不断改进、完善。⑤

（上接第34页）

[5] 沈洪涛，冯杰.舆论监督、政府监管与企业环境信息披露.会计研究，2012(02).

[6] 史正富，刘昶.从产权社会化看国企改革战略.开放时代，2012(09).

[7] 王强.构建现代国资监管制度的依据及路径.经济社会体制比较，2010(06).

[8] 银晓丹.国外企业国有资产监管模式法治研究及借鉴.社会科学辑刊，2010(03).

[9] 周煊，汪洋，王分棉.中国境外国有资产流失风险及防范策略.财贸经济，2012(05).

[10] 周煊.中国国有企业境外资产监管问题研究——基于内部控制整体框架的视角.中国工业经济，2012(01).

解决当前施工企业劳务用工短缺问题的探讨

毕冬晴

(中建五局山东公司，济南 250101)

摘　要： 随着我国城镇化的推进，建筑行业得到了快速的发展，尤其在金融危机后，国家振兴经济的投资以及新农村建设、城区改造的开展，带动建筑劳务市场出现出了旺盛的需求，建筑工人的工资水平也相对高于其他行业劳务市场。但是，就在我国当前就业难仍未解决，尤其是许多农民工进城就业难的大背景下，建筑劳务市场旺盛的劳务需求却遭遇了"用工荒"。对此，本文试通过对建筑劳务市场的供求模型分析，以探析从"民工潮"到出现"用工荒"的原因，并探讨相关的解决措施。

关键词： 施工企业；劳务用工；短缺

一、施工企业劳务用工现状

随着劳务用工制度、劳务管理责任制度等各项制度的不断完善，建筑劳务市场的规范性有了明显的改善，并且由于近年来房地产业的疯狂发展，建筑劳务市场对建筑工人的需求直线增加，建筑工人的工资水平相对餐饮业、制造业也有了很大的提高，但是仍然出现了"用工荒"。

（一）"人找活"变成"活找人"

建筑业用工荒已经存在一段时间了，特别是在前年春节后变得愈发普遍和严重。过去在"民工潮"情况下"人找活"的现象，在建筑业已经一去不复返了，现在是真正的"活找人"。许多建筑企业纷纷四处招工，但越来越难招到人。部分建筑工地因为劳力紧缺，有的处于勉强维持状态，有的干脆停业待工，情况十分严重。

有数据显示，去年第四季度山东省辖市各类就业服务机构招聘岗位 170.44 万个，相比上一季度增长 1.15%。与此同时，进入公共就业服务机构和职业中介服务机构进行登记的各类求职人员近 150 万人，减幅 4.51%。一增一减，意味着不少企业不能再"稳坐钓鱼台"，而是要"求人来干活"。

（二）"高工资"遭遇"观望者"

尽管建筑劳务用工报价与往年相比，木工、瓦工、油漆工、钢筋工的工资均上涨了30% 左右，以木工为例，目前不少建筑企业的报价是200 元 / 天，最高时达到了300 元 / 天；小工的工资也普涨了20% 左右。工资上涨的同时，建筑工人也越发紧俏，很多工地上出现了高价抢人的情况，并且这种情况已蔓延至整个建筑领域，在一定程度上助推了建筑成本上升。

为了能够确保一定的用工数量，建筑企业都纷纷打出了高工资、高待遇的招牌，吸引务工人员报名，但许多务工人员面对"活多人少"现状，想着更高的工资和待遇，往往持观望心态，并不着急进施工现场。

二、施工企业劳务市场供需情况

（一）需求情况

建筑业历来就是国民经济的重要组成部分，建筑业占 GDP 比重为 6.58%，占国民经济增长值为 16%。建筑业更以劳动密集型的特点，为社会提供了大量的就业机会。

由于国家实施的一系列鼓励建筑行业发展的政策，特别是国家近几年扩大内需的投资以及城区改造、新农村建设的陆续开展，建筑业市场得到了迅猛的发展。作为世界上最大的建筑市场，我国的建筑工人规模目前已达到了 4100 万，每年都为社会提供了大量的就业岗位。不难看出，建筑行业持续高速的发展势头势必会为建筑行业带来更大的劳务用工需求。

（二）供给情况

我国是一个拥有 13 亿人口的大国，其中近 9 亿的农业人口，在农村大约有 1.5 亿的剩余劳动力，2000 年以来每年新增劳动力约在 1000 万人以上。这样庞大的人口规模给我国造成了巨大的就业压力，从总体上看，我国劳动力呈现出供大于求的形式，根据中国国家统计年鉴，其中 2002 ～ 2005 年的城镇登记失业率为 4.0%、4.3%、4.2% 和 4.2%。因此，我国被认为"劳动力无限供给"。

而自 20 世纪 80 年代中期以后，随着国家的土地承包政策、改革劳动密集型产业以及对建筑等劳务用工市场的开放，建筑业以其工作简单性、低技术性、现金收入短期性和相对矿山等的低风险性等优势，吸引了大量从农业生产中解放出来的剩余劳动力。特别是金融危机后，由于制造业等相关行业用人需求的下降，以及我国长期存在的就业难的现实，建筑劳务用工市场应该是非常充足的。但事实上，却出现了建筑工人短缺的反常现象，建筑工人尤其是技术工人高薪难求。

三、建筑劳务市场供需模型及分析

（一）向后弯曲的劳动力供给曲线及分析

新古典经济学家认为，劳动供给曲线是一条向右上方倾斜、向后弯曲的曲线。劳动者通过对除去必需的睡眠时间之外的全部时间资源在闲暇和工作两种用途上的分配，以追求自身效用的最大化。向右上方倾斜的劳动供给曲线意味着，工资的上升使得劳动者愿意增加他们的劳动供给量，但是由于时间是有限的，工作的时间越多那么闲暇的时间就会减少，因此，当工资提高到一定程度以后，人们会更加重视闲暇，从而增加了对闲暇的消费而减少了工作时间。此时劳动供给量会随着工资的增加而减少，劳动供给曲线向后弯曲，即所谓的收入效应和替代效应。如图 1 所示。

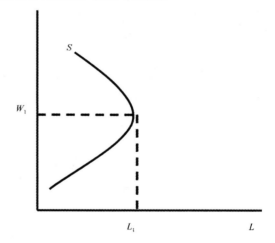

图 1　劳动的供给曲线

（二）向右下方倾斜的劳动力需求曲线及分析

企业对劳动力等生产要素的需求是一种派生的需求，取决于企业生产产品或劳务（企业产出品）的需求。在利润最大化的目标约束下，企业对劳动要素的需求遵循的原则是劳动力的边际收益要等于其边际成本，即 MR = MC，企业雇佣最后一个劳动力的边际收益要等于支付给他的工资。劳动的边际收益（MRPL）为劳动的边际产品（MPL）与产品的边际收益（MRP）之积，MRPL = MPL×MRP，其中劳动的边际产品（MPL）反映了工人的劳动生产率，而产品的边际收益（MRP）则取决于产出品市场的状况，在完全竞争的产出品市场上，产品的边际收益（MRP）等于其平均收益（AR），也就是MRP = AR；否则，有MRP < AR。企业对劳动力的需求曲线上各点必须满足MRPL = MCL，MCL为边际劳动力成本，也就是工资。所以企业劳动要素的需求曲线实际上就是其劳动边际收益曲线，它的移动主要分三种情形：

（1）劳动的边际产出MPL变动导致劳动需求曲线移动。当企业工人由于企业技术水平、资本品增加等原因或者是由于本身文化素质职业技能等提升导致其更具有生产效率时，工人的边际产出就会上升。由劳动的边际产出MPL上升引起劳动需求曲线垂直向上移动，即由于工人的劳动生产率提高。在不改变雇佣数量时，企业可以支付更高的工资率。

（2）产品的边际收益MRP变化导致劳动需求曲线移动。无论产品市场为完全竞争型（MRP=P）还是非完全竞争型（P < MRP）的，当其他条件不变，企业产品价格（P）上涨时，都必然导致产品的边际收益MRP上升。此时，即便是劳动力的边际产出MPL不变，劳动要素的边际收益也会增加。因此，同样道理，企业在雇佣劳动数量不变时，仍然可以支付更高的工资率，结果也导致了劳动要素需求曲线的垂直向上移动。当然，如果产出价格降低，其他条件不变，则劳动需求曲线向下垂直移动。

（3）企业的劳动的边际产出MPL和产品的边际收益MRP不变，而产出品市场规模扩大导致劳动需求曲线向右水平移动。在企业的劳动的边际产出MPL和产品的边际收益MRP不变，即MRPL = MPL×MRP不变。当产出品需求量扩大，那么为了满足市场需求，企业对劳动要素的派生需求也会随之增加，但企业愿意

支付的工资率不变，否则违背了利润最大化的目标约束。所以，这时劳动要素需求曲线会发生向右水平移动，在相同的工资率下，企业愿意雇佣更多的劳动力以满足产出品市场需求。劳动力需求曲线如图2所示。

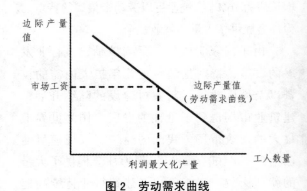

图2 劳动需求曲线

（三）建筑劳务市场供需模型及其分析

由上面的分析中不难看出，在目前的建筑劳务市场中，劳动供给还并没有达到图1中的（L_1, W_1）点；而在建筑劳务需求中，劳动的边际产出、产品的边际收益对劳动需求曲线的移动影响不大，但建筑业市场规模的不断扩大，导致劳动需求曲线会向右平移，如图3所示。

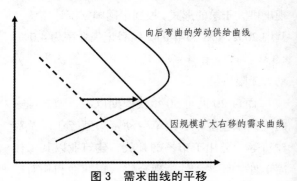

图3 需求曲线的平移

但事实上，劳动需求并未移动到新均衡点所在的位置。在需求扩大为既定事实的情况下，实际劳动人数的减少必然与劳动供给有关。从劳动要素供给者的角度来看，劳动供给曲线的位置及其移动取决于以下三个因素：

（1）劳动力再生产成本。劳动力再生产成

本也就是劳动力价值，为生产和再生产劳动力所必需的生活资料价值，具体地说包括以下三个部分：①维持劳动力自身所必需的生活资料的价值，用于再生产其他的劳动力；②繁衍后代所必需的生活资料的价值，用以延续劳动力的供给；③必要的教育和培训费用，用以培训出适合其生产所需要的劳动力。像文化娱乐医疗社会保障等支出也是构成劳动力再生产成本的一个重要项目，而且随着社会文明的进步，其还包括比重将会增加。从长期来看，劳动力再生产成本呈上升趋势。在相同的劳动力供给数量要求更高的工资率，劳动供给曲线出现垂直上升。

（2）劳动机会成本。对于劳动者在决定劳动时，闲暇就是劳动的机会成本之一。当然，对于失业者来说失业救济金也构成了劳动的机会成本。实际上，对于一个劳动者来说，选择哪一种就业方式才真正有意义的决策。对于，不同的就业方式的选择，应当取决于其他就业方式的净收益比较。

（3）其他成本。对于劳动者而言，在选择就业与否及其具体方式的时候，诸如具体工作环境、工作压力和风险也是影响其决策的一个重要因素，构成了劳动供给的一项成本。这项成本的高低变动也决定着劳动供给曲线的位置和移动。

显然，目前在建筑业劳务市场中，尽管建筑工人的工资水平有所提高，但其在劳动力在生产成本、劳动机会成本以及工作环境、工作压力和风险等其他成本等方面收支的差距，仍很大程度上造成了劳动供给未达到相应的均衡点。

四、"用工荒"的成因分析

（一）劳动力再生产成本快速上升

民工的劳动力再生产成本主要包括：民工本人及其子女等生活费用，民工本人的教育培训费用和子女的教育费用，以及交通娱乐和医疗保障费用等。首先就生活消费而言，据国家

统计局最新发布的数据显示，2010 年前三个季度，居民消费价格同比上涨 2.9%，其中 9 月份同比上涨 3.6%，环比上涨 0.6%。CPI 的持续增长对于恩格尔系数相当高的民工来说无疑是一个较大的经济压力。新一代的民工一般都具备初中甚至高中文化程度，因此其教育成本因为教育年限延长和教育费用的上升而显著上升，同时其还要负担子女的入学教育费用，而教育费用的上涨也大大提高了民工劳动力的再生产成本。此外，像交通娱乐和医疗保障等支出也在民工消费支出中占有越来越重要的地位，其比例和成本水平在近年来也是呈现出快速增长的趋势。所以，民工劳动力再生产成本是在稳步上升的，这构成了民工劳动要素供给成本最重要的一部分，极大地抬高了企业面对的劳动供给曲线。

（二）机会成本上升

对于农民工而言，其就业面临着双重选择：一，进城务工，成为民工；二，回乡务农。作为理性经济人，民工会比较二者的收益决定就业方向。因此，中国农民进城务工成为民工的机会成本是农业生产带来的收入。但是，自 2004 年初以来，党中央、国务院陆续出台了一些促进农民增收的政策，包括取消除烟叶以外的农业特产税，加大农业税减免力度，推行粮食直接补贴政策等。另一方面，据国家统计局局长李德水介绍，已经持续 5 年粮价不断提高，粮食单产和增产量都创下历史最高水平，农民人均收入也随之上升 6.8%，实现四年来最快增长。这些措施已显露出其提高农民收入的效应。官方数据显示，2004 年农村人均净收入增长了 12%，2005 年增长了 11%，而在 2001 ~ 2003 年间平均只增长 5%。农业比较效益有所提高，部分没有什么手艺特长的农民不再出去务工。他们认为：外出务工可能会比在家多挣两三千元，但有一半要花在来回路费和电话费上，在家可以服侍父母、陪伴老婆、教育孩子和享受

清闲，不会比外出务工差。务农比较效益上升，也就意味着民工打工的机会成本上升了。机会成本的上升也抬高了民工劳动力要素的供给曲线。

（三）其他成本的提高

对于民工决定是否外出打工而言，其要考虑的因素除了以上两个方面以外还包括诸如外出打工的所面临的风险和精神压力，例如远离家乡对亲人的思念、务工的工作环境、合法权益的保障程度以及可能受到的社会歧视等。这些因素在民工决定是否外出务工时也占有相当分量，构成了农民转换为民工劳动力的其他成本。

目前，在我国建筑业中，建筑工人大多还面临以下一些问题：

（1）没有规范的培训教育和职业技能培训，大多只是从事纯体力劳动，无技术含量，无工作前途，成就感低。

（2）社会地位低下，得不到应有的尊重，受户籍制度限制，远离家乡，无归属感。

（3）无法尽到对家庭责任，负罪感增加；多为户外作业，吃住条件艰苦；文化生活缺乏，精神空虚；无安全保障，导致幸福感虚弱。

（4）非正式工人，不受相关法律保护，权益保障力度不够，社会福利缺失。

另外，随着时代的发展，80、90后新生代农民工逐渐成为外出农民工的主力军。据国家统计局公布的数据：2009年，全国农民工总数量为2.3亿，外出农民工数量1.5亿，其中新生代农民工数量为8900万，占到61.66%。作为新时代环境中成长起来的一代，新生代农民工的思想观念与传统民工比有了很大的转变：外出就业动机从"改善生活"向"体验生活、追求梦想"转变；对劳动权益的诉求，从单纯要求实现基本劳动权益向追求体面劳动和发展机会转变；对职业角色的认同由农民工向职业工人转变，对职业发展定位由亦工亦农向非农就

业转变；对务工城市的心态，从过客心理向期盼在务工地长期稳定生活转变。因此，新生代农民工对于条件相对艰苦、不够体面的建筑业就业趋向下降。

因此，从各方面来看，民工劳动要素供给成本呈现出不可逆转的上升趋势，劳动供给曲线相应抬高。

六、如何解决"用工荒"

根据上述情况分析，建议从以下几点对建筑劳务市场"用工荒"问题进行解决：

（1）规范、创新建筑劳务市场进入渠道和组织形式。培育和发展建筑劳务分包市场；改进建筑工程"包工队"模式，设立准入门槛，建立专业化梯队，鼓励发明创造，培育创新文化，加强工程劳务队信息化管理。

（2）通过建立健全相关法律法规、完善社会保障等切实提高建筑工人工资福利待遇，改善工作条件，扩大政治参与权，真正提供其受教育、接受培训的机会，保障其家庭问题等，以切实提高建筑工人社会地位，给予其应有的社会尊重和尊严。

（3）鼓励劳务用工属地化，主要立足本省、本地区和县(市)招用。

（4）建立完善各层次工会组织，充分发挥其在保护工人合法权益方面的作用。

（5）制定灵活的就业形式，根据不同层次人力资源的使用方式，建立长期工、合同工、临时工等多种用工方式，并明确相应福利保障。

当前，由于建筑工人在生产成本、机会成本以及工作条件、社会压力等其他成本的提高，导致民工劳动要素供给成本呈现出不可逆转的上升趋势，劳动供给曲线相应抬高。但是其抬高幅度并非不可控制，只要针对存在的问题，对症下药，采取切实可行的有效措施，在劳动力市场总体供过于求的大背景下，施工企业"用工荒"问题一定会得以解决。⑤

创新拓展人力资源　促进国有建筑施工企业跨越式发展

张　明

(中建四局厦门分公司，厦门 361003)

摘　要：国有建筑企业吹响了新一轮跨越式发展的号角，任何企业的发展都需要依靠人力资源，人力资源是创新之本，发展之基，兴旺之源。随着建筑业的不断发展，人力资源短缺的现象将会更加突出，同时人力资源短缺已经成为阻碍国有建筑施工企业跨越式发展的主要因素。因而，谁拥有了人才，谁就拥有了核心竞争力，谁就能够立于不败之地，并得到永续发展。而增强企业核心竞争力是人力资源管理应对企业发展趋势的首要对策，本文针对当前国有建筑企业人力资源的内涵、管理误区、特点进行分析，提出存在问题并给出相应对策和提出创新性的思路。

关键词：人力资源；国有企业；建筑施工；创新

一、前言

近几年来，建筑市场竞争更加激烈，国有建筑企业面临新的发展与变革。国有建筑企业将走向规范化、规模化和国际化，对国有建筑企业的人力资源及人力资源管理也提出了新的需求，在快速发展的行业背景下，建筑行业与其他行业之间、建筑企业之间都存在着激烈的人力资源竞争，人员流动速度也在不断加快；行业之间，房地产企业不断成为建筑企业人才主要的掠夺者；建筑企业的人才也在区域之间、企业之间不断流动，可以预见，只要中国经济不断发展，建筑行业不断发展，人才的争夺就不会停止。

由于行业的快速发展和新人才成长时间比较慢，建筑业自身也会出现人才短缺。因而，随着建筑业的不断发展，人力资源短缺的现象

将会更加突出，同时人力资源短缺已经成为阻碍国有建筑施工企业跨越式发展的主要因素。

二、人力资源的内涵

（一）人力资源的概念

人力资源（Human Resource，简称 HR）指在一个国家或地区中，处于劳动年龄、未到劳动年龄和超过劳动年龄但具有劳动能力的人口之和。或者表述为：一个国家或地区的总人口中减去丧失劳动能力的人口之后的人口。人力资源也指一定时期内组织中的人所拥有的能够被企业所用，且对价值创造起贡献作用的教育、能力、技能、经验、体力等的总称。

（二）人力资源管理的误区

从人力资源的概念可知，它指建筑施工企业中所有的人，包含了直接从事生产的人员、工程技术人员、管理人员、政工人员、财务人员、

后勤人员等等。而我们实际人力资源管理工作中，人力资源部仅仅涉及对非直接从事生产的人员管理，或者还未管理到位；而未涉及到直接从事生产的工人（农民工），这不是全面的，当今农民工已对工程的施工成败起着举足轻重的作用。

（三）国有建筑施工企业人力资源管理的特点

建筑施工企业是从事各种房屋建筑、铁路、公路、桥梁、各类工厂、能源、设备安装和建筑产品维修等生产活动的一种经济组织。它具有一般企业的属性，但在生产经营和管理上却由于其生产产品的多样性、不可转移性以及施工人员的流动性等，必然使其在人员组织、安排和管理上独具特点。

1、人员组成的复杂性

建筑施工企业有专家型的管理人员和技术人员；也有文化层次相对较高但实践经验相对不足的科班毕业生；还有文化层次相对低但技术能力较强、实践经验较丰富的技术工人；而一些技术含量相对不高、操作简单的基础工作则由文化层次较低但能吃苦耐劳的农民工承担。这些处于不同层次的人才有着各自的特点和价值目标，对于自身价值的实现要求也有所不同。

2、人员使用的多变性

建筑产品的固定性决定了建筑施工的流动性，它不像一般企业具有固定的生产场所。一般是随着工程项目的变化而变化，并根据工程项目规模的大小、技术要求的特点、地域情况等组建一个适应的管理机构，工作内容也随时间的推移而有较大的不同，对人员的需求也随工程的进展有很大的差别，需要根据工程的实际情况随时对人员进行调整，以满足工程的需求。同时从业人员也会根据工程项目规模的大小、特点、地域情况等做出意愿性选择。

3、人员考评的困难性

随着国内外市场的不断拓展，施工项目遍布国内外不同地区，尽管如今通讯传输技术飞速发展，但由于各种条件的约束以及一般施工企业人员考评力量的制约，分散的人力资源评价信息很难及时汇总和传输到人力资源管理部门，导致工程人员考评具有相对的片面性和简单化，对人员的全面考评具有较大的困难。

（四）当前国有建筑企业的人力资源管理中存在的主要问题

近年来，虽然企业在深化改革中着力搞好人力资源管理，也取得了一定的成效，促进了企业的发展，但与市场经济的客观要求还有较大的差距，还存在着不容忽视的弊端，主要表现在以下几个方面。

1、管理理念滞后

从目前来看，虽然建筑施工企业都已充分认识到人才对于企业发展的重要性，但由于受短期行为的影响，也存在着把完成生产经营任务当成硬指标，而把培训人才、提高队伍素质当成软任务，没有牢固树立优先提高劳动者素质来发展生产的观念。因此，对人力资源开发重视不够，致使一些职工竞争意识差，没有紧迫感、危机感，学技术练本领的积极性不高。

2、缺乏专业的人力资源管理人才

虽然建筑施工企业一般都设有专门的人事部门和组织部门，但由于观念上的原因，很多人事管理工作还只停留在整理档案、年终评定等这些程序化、公式化的工作上，管理人员缺少专业的人力资源管理知识，大多数人也没有经过专门的人力资源管理学习，而这样的人力资源管理队伍必然难以适应现代人力资源管理的要求。

3、静态的管理方式

人力资源管理仍然是停留在传统的人事管理水平上的一种日常工作行为，是一种仅设法满足本业务需要的静态行为。缺少近期目标和长远利益的设计，没有洞察企业的经营走势，结合本企业生产目标进行动态策划；更没有设

计本企业人力资源管理的阶段性目标和人力资源结构调整，如对本企业在什么时期需要配备什么样的人员没有作出分析，对人员的配置只是盲从性的听随各部门的报告等。

4、用人制度存在缺陷

用人制度不健全，存在领导"拍脑袋"的做法，人力资源只是走个程序。个别优秀人才没有得到合理利用和晋升，影响了年轻职工和优秀人才积极性的发挥，抑制了职工的开拓创新精神。

5、人才激励机制有待进一步加强

竞争激励机制运用不足，缺乏有效的激励措施，身份管理仍居主导地位，"论资排辈"的现象还存在，造成人员积极性不高，竞争意识、危机意识淡薄，没有追求效益的责任和动力；分配制度中平均主义、大锅饭仍然存在，"干多干少一个样，干好干坏一个样"，导致许多优秀人才感到不公平，其积极性也受到了严重挫伤。

6、人力资源结构不合理

建筑施工企业人力资源结构应从专业、学历、职称、年龄、职务、工龄、性别等方面进行考核和分析，无论从哪个方面分析，人力资源结构应呈现为金字塔形状，若金字塔从下到顶存在空档，说明这个建筑施工企业人力资源结构不合理，或存在缺陷。通常中、高端技术人才、管理人才等比较短缺，同时农民工没有纳入到人力资源管理中来，这也是不合理的。

五、提高人力资源管理水平的对策

人力资源管理涉及人的思想与心灵，不可能用一个标准化的指标或用一个固定的框框对待所有的人，只能通过更多的理性分析来对待人力资源管理问题。同时人力资源管理所产生的效益是无形的、潜移默化的，所以企业人力资源管理应被视为一种长期性、动态性、战略性的管理工作，并将人力资源管理与企业的经济效益紧紧结合，达到企业增效、员工增收的效果。

（一）企业总经理应高度重视企业人力资源管理，建立科学系统的人力资源管理制度

全球公认的杰出首席执行官——通用电气前总裁杰克·韦尔奇曾说："发掘、考核及培养人才，占我所有时间的60%~70%，这是赢的关键"。这充分证明人力资源的重要性，因而企业总经理等高层领导应高度重视企业人力资源管理，在企业内部建立起科学系统的人力资源管理制度，充分利用计算机管理信息系统，对企业人力资源的组成、分布等信息，进行全面综合的收集、整理、分类，确定出待开发、培养的以及急需引进的人才，并制定出对企业人力资源的评价标准体系，及时收集对分散于各工程项目部人员的评价信息，建立起流畅的企业人力资源管理信息网络，充分发挥人力资源管理的作用，为企业选择、培养、使用人才提供科学依据。

（二）建立高效、多方位人才激励机制

要实现充分开发利用企业的人力资源这个目标，单纯依靠科学的人力资源管理制度来约束员工的行为是不够的，必须采用多方位的激励手段，实现激励体系的多维化发展。

1、建立以绩效工资为基础的薪酬制度

薪酬体系想要在保持公平的前提下提高薪酬水平，就必须与绩效挂钩，大幅提高可变薪酬的比重，多作贡献者多得，少作贡献者少得，不作贡献者辞退。当然，绩效指标不能片面化，必须考虑企业团队的协作，也必须考虑个体和全局的关系，以更好地为企业的发展战略服务。

2、建立以目标实现为导向的激励机制，加强对员工的精神激励

采取关心激励、参与激励、认同激励等方式来调动员工的积极性。建筑施工企业一线施工人员大多生活单调、贫乏，缺乏精神支柱，长期的流动施工使得他们很少与家人团聚。对此，必须充分了解他们的需求，从丰富业余文化生活做起，关心他们的生活，用一个"情"字去感召他们，通过营造"家庭"气氛，使他们树立企业即家的基本理念。同时领导可定期与员工共聚一堂，总结过去的经验，规划未来的发展，建立合理化建议奖励制度，对于好的意见建议给予重奖，鼓励员工积极参与企业管理，增加员工的责任感、成就感，进而提高员工的积极性和工作满意度。根据管理学家马斯洛的需求层次理论，当人们的基本需求得到满足时，人们更注重社会、集体的认同感以及精神上的满足。因此，在目前建筑市场竞争激烈、建筑施工企业经营困难的情况下，人力资源管理激励方式的重点应该放到如何体现员工自身价值上，建立以提高员工的成就感、以目标实现为导向的激励机制。

3、制定具有长期性的激励机制

企业若想得到稳步的发展，就必然需要一支相对稳定的人才队伍，因此施工企业必须建立高效的长期激励机制。

4、建立以聘用制和竞争上岗为核心的用人机制

聘用制必须明确职位的职责、任期和工作目标以及与此相配套的权力和奖惩标准，做到责权统一，实现人尽其才、才尽其用。竞争上岗则有利于提高员工的参与意识和竞争意识，充分调动员工的积极性和主动性。另外，还应引入员工退出机制，即不适应企业发展的员工必须辞退，真正做到优胜劣汰，员工有压力才会有动力。

（三）加强员工培训，对员工实施培训并为他们提供发展的机会

建立企业内部有效的培训机制。有针对性地对员工进行学习资质评估，拟定合理有效的培训计划，对症下药，因材施教，结合企业的发展战略，发现和培养企业发展需要的人才。员工的教育和培训要注意短期的岗位技能培训

和长期的素质培养相结合，对有经营管理潜质的人才尤其要提供机会，重点培养，以形成企业和员工同舟共济的局面，从而实现企业和员工双赢的目标。

（四）加强对劳动力人力资源的管理

目前建筑劳动力基本企业与作业班组建立劳动力关系，虽然大多数情况是与劳务公司签订劳务合同，但劳务公司往往是空壳公司，基本是作业班组、施工队挂在劳务公司，而劳务公司是没有真正的工人，也没履行管理责任。因此，主要从以下几个方面保持劳动力资源。

1、小作业班组

小作业班组主要是杂工班、混凝土班、模板工、钢筋班等作业班组，它们的规模比较小，班组承担的风险比较小；它们承担为建设项目提供劳动力来源。

2、小分包作业队模式

小分包作业队主要是模板分包队、外架分包队、泥水分包等作业队，它们的规模比较大，它们不但为建设项目提供某一方面的劳动力来源，而且要负责其承包范围内相应的周转料，如模板分包就要负责提供承包区域内的模板、木方、钢管、扣件、螺杆等周转材料。它优点是便于施工单位控制周转料浪费现象、易控制、可垫一些资金、劳动力有保障、形成战斗力快等特点。

3、大清包作业队模式

大清包作业队主要是提供承包区域整个劳动力资源，而且有一支管理人员队伍，其承包区域的主要管理人员，如施工员、测量员、安全员和质量员是由它们提供；但项目核心成员，如项目经理、项目总工、财务人员、成本、预算员、材料员等管理人员由公司负责；整个项目核心管理由公司完成，项目进度、质量、安全方面由大清包配合管理完成。

在材料方面，用于工程的材料由公司负责，一般情况，施工大型设备（塔吊、电梯）也由

公司负责，个别大清包也可以提供，由大清包队伍的实力和公司的意愿确定；其工程承包范围内相应的周转料，如模板分包就要负责提供承包区域内的模板、木方、钢管、扣件、螺杆等周转材料由大清包队伍负责。

它优点是便于施工单位控制周转料浪费现象，可垫一些资金，可减少公司在项目的管理人员数量等。它缺点是可控性差、企业风险大、与小清包模式相比，项目的利润率有所下降等。

4、联合管理作业模式

联合管理作业单位提供承包项目整个劳动力资源，而且有一支全面的管理人员队伍，其承包项目的主要管理人员，如施工员、测量员、财务人员、成本、预算员、材料员是由它们提供；但项目核心成员，如项目经理、项目总工、安全员和质量员等管理人员由公司负责；整个项目核心管理由公司监督和指导完成，主要控制项目质量、安全方面等管理工作；而项目进度、成本、材料等管理工作由联合作业单位完成。

它是提供一种分工侧重点不同的项目联合管理模式，公司仅提供有限的管理，大部分管理工作由联合管理作业单位完成。

它的优点是公司在项目投入的管理人员数量较少时节约的管理人员可用于扩大公司的经营规模等特点。它缺点是可控性差、企业风险大、维护业主关系不利等。项目的纯利润率较低，一般在 1.0% ~ 2.5% 之间。

六、拓展人力资源的创新管理思路

（一）加强企业的文化建设，对员工进行职业生涯设计，增加员工对企业的文化、价值观的认同感和归属感

把人力资源规划与个人职业发展规划相结合，把员工个人的需要与企业的需要统一起来，做到人尽其才并最大限度地调动员工的积极性，同时使他们觉得在企业中大有可为，从而极大地提高其认同感、归属感。

（1）对学生干部做好职业生涯管理规划，给他们一个平台、一个希望、一个机会。逐步形成由施工员、技术员→技术负责人→项目经理→公司部门负责人→副总、总工→总经理等职业生涯岗位晋升机制，岗位通过竞聘实现。让他们看到希望，同时知道如何才能完成成才的兑变历程。

（2）具有一级建造师执业资格的项目技术负责人，给予他们晋升项目经理的优先权。

（3）设立资深项目技术负责人、生产经理、商务经理等岗位，同时具备高级技术职称，业务水平高，某方面具有专家技术水平，赋予他们中层管理工作岗位的权利，薪酬待遇参照项目经理的薪酬。

（二）给人力资源一些人性化服务，不断提高员工的幸福指数

（1）Google 提倡公司的创新文化，每位员工有 20% 可自主支配的时间，让工程师自由发想、研究其有兴趣的主题，这项管理创举不仅使 Google 的创新点子源源不绝，公司也因此得到人才价值的最大实现。这也是一个释放人性空间和创新的好做法。

（2）给施工项目管理人员每周至少一天的休假期，让他回家看看家人，年轻人找找朋友，谈谈女朋友，做一些自己想做的事情。让他调整一下心态，有一个快乐的心情，再回到工作岗位，这样会大大提高其工作效率和质量。

（3）现在很多企业在全国各地都有项目，在工作安排允许的情况下，尽量在区域内调动工作，避免长时间大跨度调动工作。

（三）施工项目定期组织开展活动，提高项目员工团队和大局意识

（1）利用周末或不忙的时间，举办一些小活动，如篮球比赛、爬山、看电影、交友等活动，让他在活动中相互了解、帮助，增进协作精神。

（2）项目完成后，分批组织旅游，可结

合培训和项目总结一起做。

（四）引进"人才资产论"新观念培育中高层管理、领导干部，让他们成为企业"对的人"

人才管理是一个组合管理，需要战略思维。在管理中，"人"是重要的资产，但只有"对的人"和"对的ABC"才是最重要的资产（"ABC"分别是：A心态、B行为、C能力，能力又包涵3Q（AQ、IQ、EQ）即有志、有力、有心，三者合一构成真正的能力）。这种有别于传统人才定位观念的更新，给人才管理带来了全新的解读和挑战。既然人才是资产，管理者的责任，就是要让资产保值、增值，尤其要将负资产转化为正资产。

要记得一个是量变的过程，一个是质变的结果。人是最重要的资产的概念是错误的。不单单是错误的，而且是危险的，对于一个企业来说，你相信人是最重要的资产，他会给你带来莫大的危机，因为这个标准太低。你可以更清楚地说"对的人"才是最重要的资产。今天"对的人"，恭喜你今天是我们的资产，还不够，明天你对不对，后天你对不对，企业的经营是长远的，是跑马拉松赛跑，环境是不断改变，企业的经营必须适合环境的改变，我们对人才的标准也是不断在改变，不是你今天是我的优良资产，明天也是我的优良资产，今天对了还不够，让我们一起努力，让你明天不止对，还要更对。"对的人"只是载体，"对的人"承载的ABC才是最重要的资产，他的心态、行为和能力才是我们真正要留的最重要的资产。

因而企业中高层管理、领导干部的用人原则，要坚持找"对的人"上车，放在对的位置，帮助不对的人下车。

（五）用发展的眼光，创新培育专业劳动力队伍

随着国家近年来富农、惠农政策的落实，使农民的生活逐步好转；同时国家扩大内需、刺激经济、固定资产投资快速增长，建筑业不断发展，各省市因大量的基础设施建设和房地产业的迅速发展，建筑工程增长明显，建筑业用工量逐年上升，劳动力需求明显增加。近年来，一些发达地区建筑行业均发生了较为严重的"民工荒"现象，愿意从事建筑业生产的劳动者逐渐减少，特别是"80后"、"90后"工人越来越少，建筑业农民工老龄化严重，其中40岁以上的工人占到了六成以上。

1、建立企业专业劳动力队伍

由于施工工地劳动力流动性非常大，工人上午在上班，下午就可能问你要钱走人，这种现象较为普遍。企业可以尝试培育一支专业劳动力队伍，主要从钢筋、木工、外架、混凝土、防水工等工种着手；给他们按技工等级划分工资级别，并缴纳社保等，按月发放工资，也就是与企业员工一样，让他们成为企业的一员，这样他们会更稳定、更积极主动地干活，会形成一支强有力、能打硬仗的队伍。

2、适当培育和使用大清包队伍，减轻企业管理人员不足的压力

当前国有建筑企业的人力资源都存不同程度的短缺，特别是在超大型项目（同时开工40万平方米以上）中，可以划出一半工程量，采取大清包队伍模式组织施工，这样可减轻企业管理人员不足的压力，同时也能有效地控制项目各项任务的完成。

3、积极倡导和推动建筑工业化进程，减少劳动力的投入

建筑工业化的主要标志是建筑设计标准化、构配件生产施工化、施工机械化和组织管理科学化。推动建筑工业化最大的特点是大大减少的施工现场作业量，构配件实行了工厂化。因而可大大减少劳动力的投入。倡导和推动建筑工业化工作主要依靠国家政策和房地产开发商，但作为施工企业可以采用用工较少的工艺，如大钢模板、铝模、顶模系统、智能外爬架、钢筋工厂化加工、机械抹灰、成品卫生间等施工工艺。⑤

混凝土骨料的现状和问题

熊骁辉

(中建商品混凝土天津分公司 , 天津 300450)

摘　要：混凝土骨料是关系到混凝土质量的重要原材料，关系到混凝土行业的可持续发展。针对目前国家天然砂石矿产资源短缺、砂石质量失控、滥采乱挖现象屡禁不止破坏环境的现状，引起相关部门对此现象的重视，通过制定相应的法律法规，引导砂石生产企业提高环境保护意识和质量意识。引导砂石生产企业成为废弃资源利用的主力军，积极开展再生资源的研究和利用，发展低碳循环经济，保护环境。

关键词：混凝土；再生骨料；废弃资源；循环经济；尾矿

现代混凝土科学技术和工程应用技术的发展为混凝土作为 21 世纪最重要的建筑材料奠定了基础，并且在未来相当长的一段时间内仍然会是一种主要的建筑材料。从我国的发展实践来看，由于土地限制，人口众多，城市中大量发展高层建筑，预拌混凝土在我国的建筑材料中占有重要地位，2010 年中国的城镇化率为47%，远低于发达国家的 70% 水平，随着中国经济的高速发展，中国的城镇化进程将加快，可以肯定的是在今后相当长的一段时间内，预拌混凝土在中国的使用将快速增长，2011 年全国预拌混凝土量为 14.2 亿立方米，消耗砂石近30 亿吨。而且呈逐年上升的趋势。我国每年所消耗的天然砂石占世界的 50% 以上。我国大规模使用混凝土才不到 30 年时间，目前东部发达地区天然河道的砂石资源已经枯竭，而大规模的建设才刚刚开始。按目前的消耗速度，可以想像得到的是在不久的将来我们将处于无资源可用的境地。

作为混凝土用的骨料，国家标准中有严格的质量要求，骨料的质量对混凝土的质量影响较大，特别是骨料的碱骨料反应会直接影响混凝土结构的安全性能，导致豆腐渣工程，危及人民的生命财产安全，骨料中的含泥量及其他有害物质的含量会影响混凝土结构的使用寿命，建筑物使用寿命的减少是对资源的最大浪费和对环境的最大破坏。我国建筑材料与混凝土制品对砂石的政策是：大力改造砂石骨料的开采与加工技术，认真贯彻骨料的生产质量标准，严格控制原材料的质量，改变目前砂石质量失控的现状，按照市场要求加工不同级配、不同规格、不同质量要求的产品。按照工业化的要求建立工业化的生产供应基地，按照工业化的产品供应到户。逐步改变目前手工业生产的现状。严格区分具有碱活性的骨料，并且控制使用。积极研究控制碱骨料反应的方法和措施。发展以工业废渣为原料的再生资源的利用，研究和利用以废弃建筑材料为原料的再生骨料，发展以机制砂为代表的人造骨料等，以实现废弃资源的循环利用，发展循环经济，实现可持续发展。

一、目前混凝土骨料行业现状

国家砂石行业"十二五"规划明确提出要建立稳定的、大型的、现代化的砂石生产基地，制定砂石行业的准入制度和行业标准，提高准入门槛，努力把砂石行业纳入国家循环经济的发展轨道，推动绿色矿山的建设，实现绿色开发、边开采、边复绿，使砂石行业成为造地和绿化的主力，通过推动绿色矿山的建设和发展，实现开采方式科学化、生产工艺环保化、资源利用集约化、企业管理规范化，研究和开发再生资源。

伴随中国经济的发展，房地产、公路等行业的崛起对砂石的需求量和质量要求也越来越高，虽然从事砂石生产的企业众多，但由于行业的特点、制度等多方面的原因，使得砂石行业仍然存在许多堪忧的问题。

1、行业没有规范管理的准入制度

砂石行业虽然是一个古老的产业，由于没有正规化、规模化的统一管理，行业进入门槛低，行业始终没有形成产业化的发展模式。所以至今砂石产业没有纳入《国家资源单列产业大纲》，因而影响了全国砂石行业产业规划和制订统一的行业综合管理条例、准入标准。

2、生产设施简陋、从业人员有待提高整体素质

砂石行业是一个既古老又新兴的矿产资源行业，由于历史形成的传统生产方式和资源利用等多方原因，大多分布在山区或矿山等边缘地区，设备简陋，企业规模小，集中度低，生产者素质不高，难以形成生产基地规模化。多数机制砂石企业没有依据各地矿源和市场的不同，在科学和详细试验研究基础上进行矿址选择、生产规模、工艺流程和设备的选型配套等研究论证工作。90%以上的生产企业没有试验室，国家标准中规定的出厂检验和提供合格证书基本没有落实。一些不适合做骨料的"砂石"用到工程上，给工程埋下隐患。

3、砂石资源分配不均，天然资源尤其缺乏

天然砂是短时期内不可再生资源、是一种地方性材料，不宜长距离运输。随着基础设施建设的日益发展和对环境保护力度的逐步加强，在中国一半地区已出现天然砂资源逐步减少、甚至无资源的状况，特别是北京、上海、天津等特大城市和东部沿海经济发达地区，砂石供需矛盾尤其突出。

4、缺少总体长远规划和基本要求

早期丰富的天然砂矿资源和易采价廉的传统经济行为，导致对砂石在国民经济建设中的重要地位和作用普遍存在着轻视和认知不足，缺少总体长远规划和基本要求。对骨料重要性认识不足还表现在没有规划和计划上。近几年，中央和各地政府越来越重视对自然资源和环境保护，纷纷出台对骨料开采的限制规定，但多数是只限不疏或计划不全面与长远，而市场需要并未发生改变，结果是盗采盗挖泛滥，反倒加剧了对资源浪费和环境的破坏。

5、砂石行业涉及多个部门，缺少统一的管理，协调监督的难度大

砂石的主要用途是建筑，但涉及的行业和部门是多方面的，所以也就出现了许多的行业标准，我国用途最广的房屋建筑由城乡建设部门管理，水利设施和大坝由水利部门管理，铁路工程由铁道部管理，公路桥梁由交通部管理。实际上均属砂石行业范畴，却没有一个统一适用于全行业的标准。由于砂石的源产地、种类（矿砂、河砂和海砂等）和应用领域不同，导致行业所属涉及多方行政管理部门，各行政管理部门虽有相关的管理办法，但却没有统一的全行业管理条例。由于无行业主管，受管辖权限、产销环境和局部利益影响，形成砂石行业管理环节多，管理尺度和力度各有不同。而是各实

行各的标准。在管理上如采矿许可证归国土资源部门管理，江河采砂又归水利部门管理，多头管理，协调监督难度大。以致滥采乱挖现象严重，造成资源浪费和环境的破坏。

6、砂石企业的管理现状和质量水平不容乐观

砂石企业集中度低，企业数量多，生产规模小，生产工艺装备落后，从业人员素质低砂石企业设备投入少，进入门槛低，生产技术水平低，生产工艺不完善，生产规模小。大多是家族式企业，与手工作坊类似，不知道骨料的质量要求，质量控制就无从谈起了。砂石行业标准执行监管缺失，甚至无人执行、无人监管，很大程度上使砂石行业形成恶性循环，砂石质量不能得到很好地提高，导致骨料的质量严重失控，轻则影响建筑物的使用寿命，严重的如碱骨料反应等质量问题直接影响到建筑物的安全，危及人民生命财产的安全。

7、砂石企业对环境的破坏和污染严重

由于砂石企业普遍规模较小，工艺及装备落后，生产技术及装备技术研究投入不够，没有在节能及环保方面投入，或是投入不够，加之缺少监管，导致产品的质量低，资源的综合利用率低，生产的能耗高，对环境的破坏和污染严重。

二、存在的问题

1、砂石资源 特别是天然的砂石资源面临枯竭

由于我国的大规模建设方兴未艾，每年需要几十亿吨的砂石来满足建设的需求，天然的砂石资源是不可再生的资源，目前许多地方特别是经济发达的地区，像北京、上海、天津等地已经没有可开采的天然砂石，所用砂石都是从其他省份长途运输过来，成本极高，随着中西部经济的发展，这些地区的砂石的需求量将快速增加，也将出现紧张的局面，到时候上述

经济发达地区将面临无砂石可用的尴尬境地。

2、质量失控后果严重

由于砂石企业数量多，规模小，从业人员素质低，生产工艺及设备落后，质量意识差，导致骨料的质量严重失控，许多企业不了解骨料的质量标准，没有实验室，没有对所生产的产品进行检测，使有些对工程质量有严重影响的原材料进入市场，特别是有碱骨料反应的材料被使用到工程上后会造成严重的质量事故，会危及到建筑物的安全和人民的生命财产安全。骨料的级配不合要求，含泥量高、含有有害杂质等质量问题会影响混凝土的耐久性，缩短建筑物的使用年限，造成对资源的巨大浪费。由于企业规模小，所以砂石属分散开采，集中采购，由物流企业面对市场，过程中无人对质量进行控制和管理，只能由用户进行被动的质量把关，但有些质量指标由于检测复杂，需要的时间长，很多混凝土企业没有进行检测，存在较大的质量管理漏洞。

3、对环境造成巨大的破坏，资源浪费严重

砂石行业没有行业的主管部门，没有制定相应的准入制度，没有正规化、规模化的统一管理，进入门槛低，始终没有形成产业化的规模发展。缺少统一和科学的规划和管理，乱挖滥采，资源的利用率低，对环境的破坏大，没有对采矿所破坏的植被进行恢复，对矿区的土地没进行恢复和利用，浪费了土地，破坏了环境。

4.行业的整体水平得不到提高

砂石行业由于企业规模小，管理部门多，企业只顾眼前利益，缺少长远的总体规划，对生产工艺和设备的研发投入不够，不重视从业人员的素质，行业的整体水平难以提升。生产力水平低下，产品质量难以得到改善，能耗高，污染严重。

三、建议和对策

改革开放30多年来，中国经济高速发展，

特别近 20 年，伴随着预拌混凝土行业的快速发展，城镇化进程的加快，以砂石为主的混凝土骨料使用量剧增，如何开发和利用好有限的资源，保护好我们赖以生存的环境是摆在我们面前的一个急需解决的问题。

1、制定准入制度、制定行业标准

按国家砂石行业"十二五"规划要求制定相应的准入制度，提高准入门槛，努力将砂石行业纳入国家循环经济的发展轨道上来，要做到统一规划，加强管理，各方共同努力，明确主管部门，制定行业的标准。由于历史和资源的原因，砂石生产涉及国土、水利、建材、环保、安监、乡镇等多个部门管理。砂石是一种地域性很强的资源，应当有所在地的政府部门统一规划和管理，负责全面的和长远的考虑，统一规划，产用兼顾。进行可持续的开发和利用，实行强有力的管理。打击滥采乱挖，采取许可证制度，限时、限量、限区域开采，根据矿山的分布、城市绿化和城乡建设用地的需要，确定禁采区、限制开采区和开发区。走开采、恢复、造地和绿化的可循环道路。防止无序开采，只顾眼前利益，造成环境的破坏。引导砂石生产企业成为环境保护的主力军。

2、淘汰落后、重组整合

通过政策和市场的手段淘汰那些规模小、工艺设备落后、能耗高、环境污染严重、安全生产不符合要求的小企业，鼓励有骨干企业通过联合重组来整合矿山资源，加大设备及科研投入，推动行业的整体水平的提高。制定行业的质量标准，生产工艺和设备的标准，成立强有力的行业主管部门，提高从业者的素质，加强生产过程中的监督和管理，特别是产品质量和安全的管理，推动整个行业的发展。

3、大力推进尾矿等工业废渣的综合利用，减少工业废渣对环境的污染

目前我国有大量的尾矿等废弃的工业废渣，不仅污染环境，而且还占用了大量的土地，大的尾矿库还存在比较大的安全隐患。据大宗工业固体废物综合利用"十二五"规划统计全国有尾矿超过 190 亿吨，占用土地超过 100 万亩。"十二五"期间将新增工业废渣 80 亿吨，新增占用土地 40 万亩，总量将达 270 亿吨。当然这些尾矿的利用除了需要砂石企业的社会责任心以外还需要政府的各种优惠政策的引导，通过政策和市场的手段推动砂石生产企业进行尾矿等工业废弃物的开发和利用，这样砂石行业不仅不破坏环境，还能保护环境，缓解砂石资源短缺的局面。

4、加大建筑垃圾的开发和利用

当前我国正处建设的高峰期，每年由于拆迁和建筑施工所产生的建筑垃圾高达几亿吨，对环境造成了极大的污染。如何利用好这些建筑垃圾是一件利国利民的好事。国外例如美国、日本、欧洲在这方面的研究和开发利用都比较早，特别是日本，由于国土面积小，资源匮乏，所以非常重视将废弃的混凝土作为可再生的资源利用，早在 1977 年日本政府就制定了《再生骨料和再生混凝土使用规范》，并相继在各地建立了以处理混凝土废弃物为主的再生加工厂，并制定了多项法规来保证再生混凝土的发展。我国虽然短期内混凝土原材料不会出现短缺的危机，但我国的基础建设才刚开始，且我国在资源再利用方面的开发研究远落后于国外，所以国家的政策要鼓励研究建筑垃圾的开发和利用的，要有相应的优惠政策和措施，结合市场手段难以推动企业在这方面的开发和研究。

5、鼓励和引导有实力的预拌混凝土企业及拥有矿山资源的水泥企业进入砂石行业。

大型预拌混凝土企业或大型水泥企业进入砂石行业有利于行业的设备升级和产品质量的提高，大型企业有资金有技术有社会责任感，容易管理，会加大在设备和研发上的投入，会推动行业整体向前发展。特别是预拌混凝土企业作为砂石的主要用户会更加关注产（下转第 110 页）

天然安石粉施工方法

徐子清　刘文彬

（中国新兴建设开发总公司，北京　100045）

天然安石粉系将中国从古沿用至今的清凉解热类药用矿物岩石开发成现代工业原料，采用绿色生产工艺制成的健康环保型天然装修装饰材料。

天然安石粉可用简单常规的抹涂、滚涂、刷涂、弹涂等涂料施工方法，在建筑内、外墙涂覆成整体一面、无缝无隙的天然石饰面。其外表原石原色、天然色彩，既可平滑光洁、不挂灰尘，又可凹凸纹路、任意造型。其品质回归原石，不但坚固、耐火、耐水、防潮、透气、易清洁，而且无化学和放射性污染、无静电、不褪色、不老化。其感受清爽怡人、清新悦目，产生如在大自然中的室内环境效果和建筑外观风貌。

天然安石粉产品技术已获得中华人民共和国发明专利，并分别被国际最权威学术杂志——美国《化学文摘》（《CHEMICALABSTRACTS》）和国际权威专利期刊——英国《德温特》（《DERWENT》）刊载，还被收入香港新闻出版社出版的中华优秀专利技术精选。各项技术指标均达到或优于中国国家标准。其强度、耐水性等涂料测试指标达到或优于美、日涂料技术标准；耐火不燃性指标远超欧美。获国际 ISO 标准；环境卫生的化学品监测指标优于美、日、德、瑞典等国家室内环境卫生标准。

1　特点

1.1　天然环保

天然安石粉为世界上独一无二的全天然建筑内墙饰面涂料，无化学品及放射性有害物质危害，其指标超过国际或发达国家标准。在装修保护效果上超过国内外任何一种涂料。

1.2　耐水防潮性能超凡

天然安石粉长时间被水浸泡亦不会起泡、皱皮、脱落。

1.3　耐火性能极佳

天然安石粉耐火性能能达到中国和国际的最高级别 A 级——"不然性材料"标准（800℃高温下测试过），可在任何防火要求的建筑类别和建筑部位装修使用。

1.4　寿命期长、坚牢永逸

天然安石粉饰面不但坚固牢靠，而且粘结附着力强度高，其对墙基底的要求比较宽泛。

在改造更新装修时，其他涂料等饰面材料都必须将底层铲除干净，费工费料，而天然安石粉则无需费劲清理，可直接做面层，省去清理墙面、装修底层的工序，而且效果比腻子做底好得多。

1.5　平洁、有石饰面质感

饰面平洁光滑，有石面质感，不挂灰尘。

1.6　无静电

其天然无机材料的"石饰面"本性自然，在任何建筑环境中都不产生和传递静电。

2　适用范围

2.1　潮湿建筑环境的饰面装修

如地下车库、人防、地铁隧道等地下建筑；江河湖海等近水地区及多雪地区的建筑物；在施建筑需要抢工期的潮湿墙体等。

2.2 对防火要求较高的建筑物

如商场、候机楼、体育、展览等各类场馆等。

2.3 对环境卫生要求较高的建筑物

如中高档住宅、宾馆、医院、食品、制药厂房、科研单位等。

3 工艺原理

天然安石粉系将中国从古沿用至今的清凉解热类药用矿物岩石开发成现代工业原料，采用绿色生产工艺制程的健康环保型天然装修装饰材料，天然安石粉400目石粉粒构成的微孔，可使潮气从饰面析出，使装修在潮湿的墙基上也不起泡、不皱皮、不脱落。

4 工艺流程及操作要点

4.1 工艺流程

天然安石粉施工工艺流程图见图1。

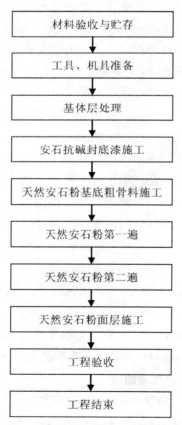

图1 天然安石粉施工工艺流程图

4.2 操作要点

4.2.1 基体层处理

（1）检查基层是否满足设计和施工方案要求：

①水泥砂浆墙面在28天以上，夏季可在14天以上。

②基体层平整度，普通抹灰不大4mm，混凝土结构不大于8mm，砌体工程不大5mm。

③基体层垂直度，普通抹灰不大4mm，混凝土结构不大于8mm，砌体工程不大5mm。

④基体层应无开裂、空鼓，目测、检验锤检查。

（2）施工前清除墙面浮灰、油污、隔离剂及墙角杂物，保证施工作业面干净，对金属物品涂刷防锈漆。其他墙面只要剔除突出墙面大于5mm的异物，保证干净即可，不需特殊处理。

4.2.2 安石抗碱封底漆施工

对混凝土基面、抹灰基面进行满刷安石抗碱封底漆。

4.2.3 天然安石粉基底粗骨料施工

基底粗骨料：水=1:0.26（重量比）；搅拌均匀后静止10分钟，再次进行搅拌后使用。

刮涂天然安石粉基底粗骨料，找平原则为"顶部仅找板缝，墙体高剔低补"，见图2。

图2 墙体粗骨料修补墙面

4.2.4 天然安石粉第一遍

天然安石粉：天然安石粉配液=1:0.5（重量比），搅拌均匀后方可使用。

竖向刮涂天然安石粉第一遍，见图3。

4.2.5 天然安石粉第二遍

图 3　顶棚天然安石粉第一遍

图 4　顶棚天然安石粉第二遍

图 5　墙面天然安石粉第二遍

第一遍干透后，横向刮涂天然安石粉第二遍（勿收光）。待干透后用砂布打磨，使之无刮痕、无疙瘩，清扫使之无浮尘，见图 4~ 图 7。

4.2.6　天然安石粉面层施工

以分格缝、墙的阴角处或阳角处等为分界线，以顺向展开，竖向刮抹天然安石粉面层，要求薄厚均匀并收光。

4.2.7　工程验收

（1）自检：涂饰工程应待涂层完全干燥后，

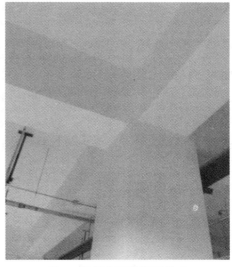

图 6　天然安石粉面层施工

图 7　天然安石粉面层洁净、阴阳角方正

方可进行验收，按面积抽查 10%。

（2）四方验收：检查所用的材料品种、颜色应符合设计和选定的样品要求。

4.2.8　工程结束

拆移脚手架等施工设施时，应注意不要碰坏涂层（跳板翻动自里向外翻板）。

5　材料与设备

5.1　主要材料

安石抗碱封底漆、天然安石粉基底粗骨料、天然安石粉、天然安石粉配液等。

5.1.1　技术参数

1. 石粉技术参数

（1）细度 400 目（标准筛测定）；

（2）色差：无色差（1m 远处目测观察）；

（3）纯度：杂质、异物含量 ≤ 5%（实测）；

（4）干燥度：受潮结块率≤5%（实测）；

2. 石液技术参数

（1）黏度：流出时间≥5s（参见国家标准GB67354-86）；

（2）纯度：沉淀物与絮状物含量≤5%（实测）；

（3）颜色及外观：成啤酒色或无色，均为透明状态（目测）；

（4）耐冻融性：不变质（参照国家标准GB/T9755-2001）；

3. 浆液技术指标

容器中状态：搅拌混合后无硬块，呈均匀状态（参照国家标准GB/T9755-88, GBT9153-2001, GB/T9755-2001）。

5.2 机具准备

抹子、刮板、油灰刀、滚筒等。

6 质量控制

6.1 执行标准

（1）《建筑涂饰工程施工及验收规程》（JGJ/T29-2003 J250-2003）；

（2）《民用建筑工程室内环境污染控制规范》（GB50325-2010）。

6.2 质量要求

质量要求见表1。

7 安全措施

（1）现场设专职安全员（50人以上），对现场人员进行安全操作培训，并检查（见《安全施工管理条例》）；

（2）进入现场必须戴安全帽；

（3）高空作业时，应配戴安全带，做好安全防护措施，防止高空坠落。

8 环保措施

（1）在工程施工中严格遵守国家和地方政府下发的有关环境保护的法律、法规和规章，加强对工程材料、设备、废水、生产生活的控制和治理，遵守有关防火及废弃物处理的规章制度，随时接受相关单位的监督检查。

质量要求　　　　表1

项次	项目	质量要求
1	掉皮、起皮	不允许
2	漏刷、透底	不允许
3	泛减、咬色	不允许
4	流坠、疙瘩	不允许
5	光泽和质感	手感细腻，光泽均匀
6	颜色、刷纹	颜色一致，无刷纹
7	粉色线平直	偏差不大于1mm
8	门窗、灯具等	洁净

（2）本法取天然安石为原料，不会产生对环境的有害气体。

（3）优先选用先进的环境机械，降低施工噪声，同时尽可能避免夜间施工。

（4）施工中的污水、冲洗水及其他施工用水要排入临时沉淀池处理后，再合理排放。

9 效益分析

9.1 社会效益

（1）本工法绿色环保，不会产生对大气污染和环境噪声污染，施工现场基本上不产生废弃物，是国家倡导的绿色环保施工的趋势。

（2）耐火性能极佳。

天然安石粉耐火性能达到中国和国际的最高级别A级"不燃性材料"标准（800℃高温下测试过），可在任何防火要求的建筑类别和建筑部位装修使用。

（3）寿命期长、坚牢永逸

"天然安石粉"饰面不但坚固牢靠，而且粘结附着强度高，平时光洁不挂灰尘、不退色、不老化。

9.2 经济效益

（1）安石粉不挂灰尘，坚固、耐火、耐水、防潮、透气、易清洁、不退色、不老化耐久性强，可以减少反复装修的费用及材料浪费。

（2）粘结附着强度高，其对墙基底的要求比较宽泛。在改造更新装修时，其他涂料等饰面材料都必须将底层铲除干净，费工费料，而天然安石粉则无需费劲儿清理，可直接做面层，省去清理墙面、装修底层的工作。

10 应用实例

（1）北京永利广场兴建三幢塔楼，占地面积为22457m²，总建筑面积150108m²，地上16层至23层，地下四层，本工程包括：写字楼、酒店式公寓、商场及其他多功能为一体的综合性建筑。本工程地下室室内装饰全部采用天然安石粉。由于该工程地下室全部采用天然安石粉（面积约11500m²），施工质量方面与其他材料比较有大幅提高，空中有害物质含量远低于其他装饰材料，综合成本较低受到了业主好评。效果如图8所示。

图8 北京永利广场塔楼车库面层平整、阴阳角方正，至今无退色、老化、起皮、脱落现象

（2）北京华能大厦地上13层，地下3层，总建筑面积为13600 m²，用途办公。本工程地下室内装饰全部采用天然安石粉（面积约12000m²）。本工程自2009年5月1日竣工到现在，充分显示了天然安石粉天然环保、耐水、防潮、不退色、不老化、易清洗等性能。效果如图9、图10所示。

图9 北京华能大厦车库

图10 北京华能大厦车库面层平整、阴阳角方正，至今无退色、老化、起皮、脱落现象

（3）北京朝阳大悦城工程位于朝阳区朝阳北路101号（青年路口），三幢地上11层至29层高综合楼，地下三层，占地面积40000m²，总建筑面积为405570m²，本工程包括：商场，酒店式公寓等综合性建筑。本工程地下室内墙装饰全部采用天然安石粉（面积约157000m²），本工程自2009年5月1日竣工至现在，充分显示了天然安石粉天然环保、耐水、防潮、不退色、不老化、易清洗等性能。⑤

打造精细化运营管理机制
建立全过程资金风险防控体系

程 立

（中建一局集团建设发展有限公司，北京 100102)

摘 要：在股份公司和集团公司的指导下，中建一局集团建设发展有限公司（以下简称"一局发展"）在资金管理的探索和实践中，以不断完善经营品质为主要诉求，以现金流管理为核心关注点，始终把加强资金保障能力、提高资金运筹水平，强化资金风险防范管理作为促进经营质量提升的有效手段，逐渐形成了一个"强化资金集中管理，覆盖经营全过程"的资金风险防控体系，并以此作为监督、管控企业营销和履约活动的手段，不断打造企业的核心竞争力，并取得了一定效果。

关键词：资金管理；风险防范；企业营销

一、资金管理现状

建筑企业的资金管理是一个涉及营销、履约、成本管控等全过程的管理体系，资金情况是反映企业经营品质的晴雨表，其结果好坏直接反映企业经营质量的优劣。自 2009 年以来，伴随着股份公司的上市，一局发展公司在经营规模快速增长的同时，始终把追求经营质量放在首位，围绕经营管理全过程，强化资金风险管控，实现了公司又好又快发展。

公司经营规模从 2009 年的 49.65 亿元增长至 2011 年的 86.41 亿元，预计 2012 年将突破百亿，年均增长 39.29%；三年累计实现利润 5.76 亿元；应收款项从 2009 年末的 21.43 亿元增长至 2011 年末的 31.43 亿元，年均增长 21.10%，增幅低于同期规模增幅十八个百分点。

公司连续多年保持无贷款记录；每年经营净现金流均为净流入；期末资金存量从 2009 年的 6.66 亿元增长至 2011 年的 15.94 亿元，2012 年月均资金存量更是高达 14.47 亿元（9 月末货币资金余额 20.88 亿元）。

公司内部资金实行高度"统收统支"集中管理，资金集中率 100%，按照集团公司资金集中管理规定，上存集团结算中心率达 98% 以上；根据集团公司《中国建筑（一局）集团内部借款管理办法》的有关规定，目前，发展公司向集团公司提供了反向贷款 12 亿元、办理定期存款 4 亿元。

由于公司良好的财务状况和资金状况，公司获取的银行授信总额常年保持在 35 亿元以上，有力地支持了公司经营发展的需要；连续多年被授予全国建筑业资信的最高等级——

AAA级信用企业称号。

二、围绕企业运营的全过程资金管理基本做法

（一）着眼品质、严格评审，从营销源头有效规避资金风险

从以往项目营销和履约实践来看，项目经营过程中的市场环境变化并不完全是造成资金回收困难的主要原因，项目资金风险往往是在营销过程中就埋下了隐患。一局发展在市场开拓的过程中，通过严格投标评审尤其是对资金条件的评审，确保从营销源头上有效规避资金回收风险。

第一，坚定推进股份公司"三大"市场战略。一是专注高端细分市场。一局发展明确"不求最大、但求最强"的市场开拓定位，深植"超高层建筑"和"高科技厂房"两个高端市场，通过多年的砥砺，一局发展目前在超高层领域形成了较为全面的总承包综合实力，并且在大厂房领域优势明显。2008年至今，公司新承接项目中，5亿元以上大项目平均占比70%以上，大项目一般资金状况良好，这为公司防控资金风险提供了坚实的保障。二是平衡区域市场布局。为避免区域市场单一所导致的公司经营对地方经济的依赖性，一局发展在继续专注北京市场的前提下，积极向京外发展，通过这些年的经营，现已形成北京、华北、华东、东北和华南五大战略区域资源共享、相互支撑的经营格局。近三年，这些主要区域市场规模贡献率占到公司年总体市场规模的80%以上，平衡的市场布局对区域经济风险起到了较强的规避作用。三是坚持大客户市场策略。一局发展始终把持续做好政府客户、战略性大客户等两类客户资源的拓展与维护作为重点战略工作。公司每年的新签合约额中，大客户、老客户占比达到70%以上，通过与中国电信、中粮集团、嘉里集团、华润置地、SOHO中国、京东方科技、金融街控股等大客户的多年合作，一局发展与重点业主建立了互信、共赢的长期战略合作伙伴关系，有效降低了项目资金回收风险。

第二，切实建立项目营销评审机制。为有效规避承接项目可能存在的资金风险，一局发展本着"品质优先、确保效益、严控风险，不盲目参与价格战"的原则，建立了一套较为严密的内部评审程序，通过《市场营销评审管理办法》等一系列制度，在营销过程中对每一个项目的信息都要严格按程序进行评审，其中对项目资金评审尤为关键，评审重点关注项目经营风险、综合效益、资金保障能力等方面内容，其中：经营风险评审主要评判法律风险、合同履约风险等；综合效益评审主要对项目经济效益（考虑资金成本因素）、社会效益等进行综合评判；资金保障能力评审即根据公司年度现金预算及所具备的融资能力情况，对项目资金收支计划的可行性进行评判。评审中坚持对于垫资项目、付款比例低于70%的项目严格执行资金评审一票否决制度。工程中标后在合同谈判阶段公司悉心策划，通过提高付款比例、缩短付款周期、增加阶段结算等方式，努力实现付款条件的改善。通过实施严格的投标评审，一局发展近三年中标项目平均签约付款比例在85%以上（含工程预付款），其中：2009年以来中标项目中有预付款项目32个，收取预付款总额22.45亿元（表1）；从项目履约情况看基本处于受控状态。通过对工程项目严格的前期评审，从源头上规避了经营风险，也为工程中标后的合同履约及资金管理奠定良好基础。

（二）预算管控、奖罚分明，在履约过程中强化资金运营管理

在从营销源头确保公司承接项目品质的基础上，一局发展在项目和总部两个层面通过严格过程管控，狠抓落实，有效防范经营风险，确保经营品质提升。

1、项目是企业资金流入的源头，公司在

内容／年度	2009 年	2010 年	2011 年	2012 年 9 月末	合计
预收款总额	3.35	3.12	7.52	8.46	22.45
项目个数	7	9	8	8	32

项目层面围绕着资金管理所做的重点工作

（1）防患于未然，做好项目前期策划

① 建立商务策划制度。在项目履约开始前，为确保项目总体履约目标实现，要求项目编制详尽的目标实施策划书，其中策划的重点之一是依据项目总体经营目标、施工工期总控计划，围绕从物资消耗、人力资源、措施投入、费用开支等因素对项目施工周期内的资金收支预算、成本控制进行策划，编制详细的资金收支计划，合理统筹安排资金，分析潜在的预亏和盈利点，提出预亏防范措施，深入挖掘盈利点。通过策划确保了项目预期经营目标的实现，做到对经营风险防患于未然。

② 第二，建立风险抵押金制度：风险抵押金是针对项目经营团队履约管理效果所制定的风险控制和激励制度。公司规定项目经营团队根据项目规模等因素缴纳数额不等的风险抵押金，并依据项目履约结果和资金回收的成效，及时进行奖惩和兑现。通过此制度，将项目团队利益与项目经营绩效紧密挂钩，强化激励约束机制，项目经营团队在履约过程中将更加注重落实"经营项目"的管理理念，从管理细节上关注项目的各项管理目标的落实情况，对项目各项资源投入认真进行方案优化，强化全员成本管理意识，全面提升项目精细化管理水平，促进项目经营管理目标的实现。

（2）实施资金预算管理，加强项目履约过程监督

① 严格执行月度资金收支计划，加强项目现金流预算管理。

资金预算管理是一局集团资金管理工作的具体要求，也是一局发展全面预算管理体系的重要组成部分，是公司资金管理的核心之一，也是资金集中管理、统一调配的重要手段。通过实施资金预算管理使每笔资金的使用做到了事前有预算、事中有控制、事后有反馈的全过程动态管理。在项目资金使用管理方面，一局发展在项目前期策划阶段编制项目履约全过程资金收支预算的基础上，严格月度资金收支计划管理，按照"以收定支、先收后支、有偿使用"的原则管控项目日常资金使用：

第一，"以收定支"。 编制月度现金流量预算——月度资金收支计划。每月初项目上报次月资金收支计划；资金部按照"总量平衡、合理控制资金成本"的原则平衡公司月度资金预算，其中在核定项目月度资金收支计划时，严格按照月度收入计划核定支出计划即"以收定支、量入为出"，原则上资金计划一经核定，总额即不予调整。

第二，"先收后支"。 月度资金使用计划执行过程中严格执行"先收后支"原则，即收入必须实现才能按计划使用资金。公司充分利用信息化平台——项目成本报表管理信息系统"工程款回收管理"模块，对项目工程款回收情况进行时时监控，项目只有在资金回收计划实现，并根据收入计划调整支出计划后，系统方可流转相应付款单办理资金支付手续；对未按合同约定及时回收资金项目进行预警，并限制其资金使用。在资金使用上坚持"十不付"原则，即："未签订合同的不付、未编制资金预算的不付、超过合同约定支付比例的不付、未收款的项目不付、内行无余额的不付、贷款到期未办理续贷手续的不付、票据提供不全（不合规）的不付、预付款未提供担保的不付、签字手续不全的不付、不符合合同收款单位的不付"，从管理制度上确保公司资金有序运转。

第三，"有偿使用"。公司规定对项目在内部银行的存、贷款均按同期银行基准存、贷款利率进行计息，并计入项目成本。对逾期贷款按时长计取10%～30%的罚息。为奖励对公司资金管理做出贡献的项目，公司制定《公司清欠管理与资金管理奖励实施细则》，对按时上交收益、无贷款且有定期存款的项目按其内部定期存款利息净收入的15%对项目进行奖励。2008年至今共发放利息奖480万元，充分调动各单位合理安排使用自有资金和主动参与资金管理的积极性。以2012年为例，截至9月末，在公司内部银行定期存款项目34个，存款总额11亿元。

②建立审贷会制度，严把项目贷款审批关，有效控制项目履约风险。

在公司内部的资金使用和日常管理方面，一局发展在严格执行资金计划管理的同时，建立了以公司审贷会为最高审批机构的项目贷款评审机制，对项目履约过程中可能出现的资金需求，通过审贷会的形式，经严格评审，对项目提出的资金需求进行审批。

第一，建立制度和组织保障。公司制定《公司内部贷款审批及使用管理实施细则》，对内部贷款的审核流程、责任部门分工、贷款范围及计息办法等做出明确规定，加强内部贷款单位的资金风险控制意识。在组织形式上，公司建立了由董事长（2000万以上）、总经理、总会计师、总经济师、主管履约副总等组成贷款审批委员会，负责对项目贷款需求的审批决策；公司经营管控中心、机电事业部、资金部、财务部、项目管理部等主要职能部门参与贷款审批。

第二，审批原则。贷款审批严格遵守"努力改善业主支付、合理转嫁垫资风险、防范经营风险"、"严格审批、总量控制、保证效益、防范风险"的原则。原则上对合同付款比例高于80%的项目不给予贷款支持，对项目为获取采购效益或规避履约风险而进行大宗物资采购

所需资金可视情况给予相应贷款支持。

第三，审批流程。申请贷款项目按规定上报贷款申请表及相应分析资料（重点分析工程进度、成本、预期收益情况、履约风险及对策和措施、资金收支、贷款需求及使用用途和还款计划等）；公司经营管控中心、机电事业部、资金部、财务部、项目管理部等主要职能部门对上报资料进行分析核实并提出审批建议后报送公司审贷会审批；审贷会上首先对申请项目进行质询，深入了解项目经营情况，在听取各职能机构的建议后进行审批。贷款审批完成后，由资金部按照审批结果控制贷款发放及回收。

通过审贷会的形式很好地向项目传递了使用公司自有资金的压力，同时也使公司总部对项目的经营状况有了更全面的了解，通过对项目贷款需求的审批抓住了项目履约的关键——现金流这一主线，有效地防范了项目履约风险。公司自实施审贷会制度以来，所有使用内部贷款项目的经营状况均处于完全受控状态。

③将项目考核与资金挂钩，促进项目资金管理能力提升。

工程项目作为公司现金流的源头，其经营结果好坏、资金回收是否及时对公司整体经营质量、资金状况至关重要，一局发展通过对项目履约全过程进行考核，并在考核中重点强化对项目资金管理的考核，有效促进了项目资金管理能力的提升，从根本上改善了公司整体资金状况。

第一，严格实施项目履约过程考核管理。为有效控制项目经营风险，公司对项目履约过程实施季度考核，在项目季度考核中，对项目资金、质量、安全、成本四个重点指标的达标情况实行一票否决制，被否决的项目将在退还风险抵押金、项目绩效兑现、年度评选先进等方面受到影响。在资金考核时，对资金回收未达合同约定比例的实行否决，对过程项目成本报表反映亏损实行否决。同时，为进一步预防

经营风险,对于成本报表没有亏损的项目,增加"赊销率"指标进行考核,以有效降低潜在的经营风险,赊销率即已完工未结算部分占已确认收入的比率,公司规定赊销率的底线是8%,一旦超出则给予项目相应的处罚。一局发展通过实行资金否决考核增强了项目资金回收意识,同时通过赊销率考核敦促项目加大业主确认量,在降低经营风险的同时,改善了项目资金状况。

第二,将项目考核奖励兑现与资金回收挂钩。为有效调动项目履约的积极性,公司制定了《项目综合绩效考核和兑现激励实施细则》和补充细则,加强对项目过程的关注,以改变以往仅对最终结果进行一次性考核的形式,通过履约过程兑现,加大项目过程奖励额度,并大大提高了激励的时效性。但在各项绩效奖励兑现的过程中,除安全专项奖励不与资金回收情况挂钩外,其余如综合管理奖、经营绩效奖励、风险抵押金的返还及风险激励等均与资金回收情况挂钩。特别是综合管理奖,作为履约过程奖励,规定项目必须具备签订项目目标责任书且缴纳风险抵押金、当前阶段成本受控、项目半年和年度方针目标考核得分必须在85分以上等与成本、资金相关的基本条件后方可提出奖励申请,公司根据综合考评结果确定项目综合管理奖等级及额度,并要求项目在有支付能力的前提下实施过程兑现,以此促进项目回收资金的积极性。

项目绩效兑现与资金回收挂钩的制度,充分调动了项目积极参与资金管理,加大资金回收的积极性,一局发展整体资金状况、经营绩效得到显著提升。自2009年以来随着经营规模的快速增长,每年经营性净现金流占营业收入的比重均在6%以上(表2),高于股份公司3%的底线。

(3)强化公司总部全面预算管理,严控开支、降本增效

长期以来,公司始终把公司管理费等各项费用控制作为"降本增效"的一项重要工作常抓不懈,公司通过不断完善总部部门方针目标考核管理、规范费用开支标准、总部管理费用报销办法等,强化预算管理和目标管理的融合,将管理费用预算控制与总部部门绩效考核、奖罚制度直接挂钩。公司围绕着"预算编制——分解——执行——分析——考核"全面预算管理的全过程,通过"编制年度费用预算,分解下达至各部门、月度及时通报费用预算执行情况、年末按费用预算控制结果进行考核"等一系列措施进行各项管理费用预算控制。在费用预算核定上,坚持以实现预期工作效果、提升费用使用效益,加强内部预算控制、节约费用开支为原则进行核定。在费用预算控制上,对总部各部门日常管理费用(如办公费、交通费)及综合管理费用(如汽车费用、办公及电脑设备维修)的报销执行两级审核制度,即在财务部一级审核通过的基础上,报销部门主管领导负责费用报销的二级审签;对总部各部门专项管理费用(如诉讼费、固定资产购置等)的报销执行三级审核制度,即在财务部及报销部门主管领导二级审签的基础上,由财务总监或总经理(根据报销金额确定审批权限)完成最终环节的三级审核。对预算外费用坚持先审批后开支的原则,通过对管理费开支实行的有序管控,做到事前有预算、事中有控制、事后有分析且与考核密切挂钩的全过程动态管理,"节流"效果显著,在经营规模不断上升的同时,管理费用得到了有效控制,总额呈下降趋势,百元产值管理费用率由2009年的2.48%降至2011年的1.42%,并在

2009年~2012年9月末公司经营性现金流量情况(亿元) 表2

内容/年度	2009年	2010年	2011年	2012年9月末	合计
营业收入	49.65	58.13	86.41	64.11	258.3
经营性现金净流量	3.13	4.56	7.47	5.13	20.29
占营业收入比重	6%	8%	9%	8%	8%

2009 年 ～ 2011 年百元产值管理费率 表 3

主要指标	2009 年	2010 年	2011 年	平均增减率
营业收入（亿元）	49.65	58.13	86.41	32%
管理费用（万元）	12,299.60	12,240.90	12,245.64	
百元产值管理费率（%）	2.48	2.11	1.42	

一定程度上减少了资金的流出（表3）。

（三）防清并重、多管齐下，加快资金回收，确保经营效益实现

清欠工作虽然在工作表现上是相对独立的环节，但是却同企业整体经营各环节紧密相连，在一定程度上是企业管理运营、市场营销和履约等前段环节工作质量的集中反映。多年来公司对开展清欠工作毫不放松，建立起了"统一管理，多维长效，责任明确，防清并重"的清欠工作长效机制，并注重落实。

1、建立并完善清欠工作组织领导体系，落实责任

建立由公司总经理担任组长的清欠工作领导小组，经营、财务资金和法律事务主管领导分别担任副组长，资金部、法律事务部、经营管控中心、机电事业部、用户服务部等相关职能部门参与各司其职、各负其责的组织领导体制。在强化清欠组织领导的同时，落实清欠责任人制度。明确项目经理为清欠第一责任人，具体负责项目清欠工作；同时对每个拖欠项目明确清欠责任领导，对项目清欠工作负领导责任，责任领导由公司高管团队成员担任，以此确保清欠工作的执行效果。

在以上常规清欠责任落实机制的基础上，为有效推进难点项目的清欠工作，公司建立了清欠责任人转移制度。项目经理作为项目清欠的第一责任人，全权负责所承建项目的清欠工作，在发生以下情况之一时，经公司清欠领导小组认定，其清欠责任转移为新的清欠负责人。

当发生下列情况之一时，项目经理的清欠责任发生转移，同时原项目经理作为清欠责任人必须全力配合清欠责任部门及清欠负责人开

展清欠工作，不予配合的按照公司相关规定进行处理。

第一，项目经理提出清欠责任的转移，具体包括已经调离公司或因工作需要公司另行安排其他工作，同时原项目主要领导班子等成员无法或者没有能力接替作为项目清欠第一责任人的。

第二，严重超出项目部清欠责任状规定期限的。

第三，经公司清欠领导小组认为其不宜继续牵头开展工作的。

新的清欠负责人可由公司高管团队成员、总部相关职能部门经理或公司认为适宜的其他人员担任。

通过实行清欠责任人转移制度，一批难点项目如：大成饭店（账龄长达十年以上）、首特八区等得到了彻底解决，从根本上化解了坏账风险。

2、健全完善清欠工作管理制度，建立长效管理机制

近年来，公司先后制定《清欠工作管理办法》，修订《资金管理奖励实施细则》，进一步规范清欠工作管理和责任体系，完善清欠工作流程和机制。同时根据拖欠成因涉及项目经营管理全过程的特点，从项目前期跟踪、投标、中标签订合同，编制制造成本、工程分判招标、签订分包合同、办理分包付款、竣工决算等，对《合同评审程序》、《分部分项工程分包招标管理办法》、《项目预算制造成本编制、核定与过程管理细则》、《合同外费用（索赔）管理办法》、《项目综合绩效考核和兑现激励实施细则》、《项目竣工决算管理办法》、《协力队伍管理办法》等相关规章制度进行了修订，

将防范拖欠，控制风险的意识和行为贯穿经营活动始终，并为未来可能形成的拖欠款的清理工作做好相应的准备。

3、加强清欠过程管理，突出执行力

在加强组织领导，建立长效机制的同时，我们把执行力作为开展清欠工作的关键，强调以务实高效的艰苦工作发挥机制的活力。主要措施包括：第一，通过年度预算落实年度清欠目标，明确全年清欠工作的总体目标，工作重点及工作要求，指导年度清欠工作。第二，定期召开经营工作例会，检查、落实工作进展情况，沟通情况、及时协调、解决存在问题。第三，加大对重点、难点项目清欠工作的跟踪、落实力度，针对难点项目清欠过程中的重大问题，及时召开清欠工作专题会议，及时决策，确保项目清收工作的有效推进。第四，资金部作为清欠管理牵头部门，负责汇集信息、按月编制清欠统计月报，及时向清欠责任领导和各职能部门通报信息。第五，强化清欠管理基础工作，每日根据各项目工程回收情况对应收账款统计基础表进行实时更新；进一步健全、完善清欠项目管理台账信息；加强诉讼时效清理管理，定期发布诉讼时效预警信息。

一局发展通过狠抓催收清欠工作，取得了显著效果，随着拖欠资金的回流，一方面缓解了资金压力，资金状况得到显著改善；另一方面随着重点、难点项目的突破以及高账龄拖欠项目工程款的回收，大大化解了形成坏账的风险，进一步提升了公司整体经营质量。自2009年以来，清理竣工一年以上项目拖欠款18.29亿元，其中账龄3年以上项目回收资金2亿元；

彻底清理完毕项目53个，回收资金2.6亿元；清理回收一大批重大、疑难项目（表4）。

2008年～2012年清收金额（单位：万元）　表4

年度/内容	重点、难点项目	清收金额
2008年	富豪大厦项目	6,100.00
2009年	商业银行	8,680.00
2009年	林业大学	1,226.88
2010年	山水文园7-9#	1,769.61
2011年	北大科技发展二期	1,800.00
2012年9月末	大成饭店	2,090.00

应收账款（含已完工未结算）构成结构发生根本性变化，应收账款（含已完工未结算）中账龄1～3年及以上占总额比重由2009年的46%降至2012年9月末的17%（表5），经过多年努力，一局发展清欠工作重点已向竣工项目决算和在施项目防欠转移。

4、加快竣工项目决算进程，确保项目预期收益实现

近几年，一局发展一直坚持不懈地强化竣工项目决算管理工作，重点清理了3年以上的遗留项目，目前竣工项目均要求在2年内完成决算工作，具体措施如下：

第一，建立竣工决算项目策划制度，细化决算管理。 根据每个项目所面对的业主不同，对不同类型项目进行决算策划工作；建立了以总部联络人为牵头人、经营管控中心（机电事业部）项目主办为推进责任人、项目经理为第一责任人、项目商务经理为业务责任人、项目主要管理人员参与的全员决算管理体系。由经营管控中心组织召开决算例会，推进决算进程，

2009年～2012年9月末应收账款构成结构情况（按项目账龄分析）　　表5

类别	2009年	2010年	2011年	2012年9月末
3年以上	9%	7%	7%	6%
1-3年	37%	19%	18%	11%
1年以内	9%	18%	9%	17%
在施项目	46%	56%	66%	66%

及时发现决算项目重点及难点，并策划下一步决算措施。

第二，制定奖励制度与考核目标，推动竣工项目决算工作进程及资金回收，真正将项目经营绩效落在实处。决算工作即是项目最终效益的落实，也是回收工程尾款的前提。为此，公司为加强对竣工项目决算工作的组织领导，采取以下主要措施：一是制定出台《工程竣工项目决算管理办法》，进一步优化、细化决算工作岗位责任制度；总部在决算跟踪、协助咨询的基础上，建立重大决算项目的档案记录，详细记录决算争议问题解决情况；认真落实决算工作商务总结制度建设；建立并完善竣工工程决算经济指标数据库。逐步使决算工作更加

趋于科学化、合理化、制度化。二是建立考核奖惩机制，充分调动参与决算人员的积极性。对未按合同约定及时办理竣工决算的项目，由经营管控中心向其下达办理竣工决算任务书，并根据实际完成结果考核兑现。三是加强决算工作过程管理，按月召开商务经理例会，协调解决存在的问题；对疑难项目由主管部门或主管领导协助完成。

2009年以来完成59个决算项目，决算金额104亿元，平均年度决算率均在70%以上；办理完成决算时间由2009年平均完成时间接近2年缩短至2011年的1.6年，大大加快了项目工程尾款的回收速度，降低了经营风险、改善了公司整体资金状况。⑤

（上接第54页）东东辰20万吨/年芳烃工程、中国丝绸营口成品油罐区工程、盘锦港原油成品油罐区工程、营口港仙人岛成品油罐区工程等。最近，中建安装通过公开招标程序，击败了中国天辰、中石化宁波工程公司等国内知名石化工程公司，以5.68亿元成功中标宁波浙铁大风化工有限公司10万吨/年非光气法聚碳酸酯联合装置工程。通过EPC工程总承包的实践，主要有如下效果：

4.1 提前了项目的营销介入的时间，提高了市场竞争能力和竞争机会

由于有了设计院和设计资质，公司初步开始实现营销工作从传统的施工总承包向EPC工程总承包的转变，营销阶段提前到项目的立项阶段，公司可以从业主的项目规划开始参与，协助他们出谋划策，做好技术和投资的咨询服务，取得业主信任。把介入的时机提前到了项目的立项阶段，从了解和跟踪项目信息开始，帮助我们占据先机。然后从头至尾参与项目的实施过程，为公司提供了更多的竞争机会。同时，减少了竞争对手的数量，竞争对手从众多的施

工企业转变为以工艺技术为先导的工程公司。提升了营销的层面。

4.2 提高了项目的实施效率，提高履约能力

建设单位对项目的进度和质量提出了越来越高的要求。传统的采购–施工模式，会受到外部各种因素，包括设计进度和质量的制约，导致在项目实施阶段缺乏有效控制进度和质量的手段。现在的总承包模式，促使我们设计、采购、施工各环节相互支持相互衔接，这种新的协作模式，大大提高了项目实施效率，缩短了工期，保证了工程质量，提高了项目履约能力。公司不断提升项目的管控能力，市场竞争力也因此加强了。

4.3 增加了盈利方式，提高了项目效益

总承包模式导入以后，盈利模式也带来了新的变化，不再是仅仅采购、施工的传统利润点，设计也能带来相应的收益。同时，由于总承包模式的作用，设计、采购、施工相互作用，效率的提高，缩减了管理成本，同时设计方案、采购标准、施工方法和技术都得以优化，还带来了综合效益。我们将在新的盈利模式中不断探索钻研，争取更大的空间。⑤

浅谈新疆公路项目施工阶段的成本控制

陈 军

(中建新疆建工路桥工程有限公司，乌鲁木齐 830054)

摘 要：公路建设需要投入大量人力、物力、财力，如控制不当，就会造成浪费和损失，成本控制的目的就是合理有效地使用资金，把钱用在刀刃上，促使节约资金。对于从事多年路桥施工的人来说，都知道在施工过程中成本控制的几个关键点，比如施工图纸的会审、材料消耗量的控制、机械费的控制、人工费的控制、变更索赔的管理、间接费的压缩、合理工期等，在本文中就不再一一赘述。本文根据新疆的施工特点和多年的施工管理经验，就新疆公路建设项目在施工阶段的成本控制提出一些想法和建议。

关键词：施工阶段；方法；涉及面；提高

新疆大多数地区地貌比较平坦，从施工技术角度来说难度并不大，但其路线较长，各种材料的运距较远，施工机械、材料、人员之间的调配、协调管理难度较大。结合以上特点，我们在具体施工过程中将成本控制的重点集中在各类人员、物料、机械的消耗、协调和调配管理方面。

一、人员的管理

新疆的公路施工都面临点多线长的共性，如何将有限的管理人员对项目进行有效管理以及施工一线劳务人员的管理都是我们关注的重点。

（一）管理人员的管理

1、组织机构的建立及人员的调配使用

项目管理机构一般以项目经理为中心，设立多名副经理，将全线按段落或按施工类型划分成几个责任片区，由副经理负责所属责任区

的完全管理。各副经理在接手工作后，对在手关键工作按时间排序，并与其他副经理协商，最终共同确定人员的使用数量、使用时间、专业类别和调配方案。该项工作要把握几个重点：第一必须准确把握关键工作，这样才能确保工程的进度和质量；第二必须准确估计人员的工作范围和工作时段，避免出现有人无所事事、有人加班加点的不合理工作现象。第三要了解关键点上工作人员的责任心。以上三点都将影响到管理成本乃至直接成本。

2、建立有效的激励机制

仅靠个人的素质和责任心是不能完全有效地控制项目成本的。如何通过有效的激励机制才是关键点。项目班子必须在组建班子后制定合理的项目成本管理的奖惩办法，有效提高项目人员成本控制的积极性和主动性。

（二）一线劳务人员的管理

主要从用工数量方面进行控制。第一，根

据劳动定额计算出定额用工量,并将安全生产、文明施工及零星用工按一定比例一起包给领队,进行包干控制;第二,要提高生产工人的技术水平和班组的组织管理水平,合理进行劳动组织,减少和避免无效劳动,提高劳动效率,精减人员;第三,对于技术含量较低的单位工程,可分包给分包商,采取包干控制,降低工费。

二、材料的管理

材料成本一般占到公路施工项目的50% ~ 60%,其重要性不言而喻。在新疆,施工所需的主要材料均为地材,且运距较远。这就必须在材料的加工、运输环节进行重点把关。实行限额领料制度,在材料进、出场时严格过磅,对进、出料单进行防伪辨识,对水泥、钢筋、沥青等外购的主要材料要派专人进行数量统计,并随时对每车的数量进行抽查,认真计量验收,坚持余料回收、降低料耗水,加强现场管理,合理堆放,减少二次搬运,降低堆放、仓储损耗等都是进行材料成本把控的一些必要手段。

在我们施工的 G219 线新藏公路新疆段改建整治工程第四合同段项目中,对路面施工所需的碎石,采取了两种方案的比选:一是在拌合站附近架设碎石加工厂,边加工、边施工;二是在其他原有的碎石厂进行购买,然后运至拌合站。经过充分的市场调查和成本测算后,因方案一所需成本较低,决定选用方案一,方案二作为备选。尽管经过了周密的测算,但是在施工过程中还是出现了一些不尽如人意的现象。架设的拌合站不能正常运转,导致所供碎石不能满足施工需要,为保证施工进度只好远运其他料场碎石,又因碎石供货紧俏,导致外购碎石价格上涨较多,以上原因都导致路面成本直接上升。

通过以上事例说明,在材料成本的管理中,我们要进行多方案的比选、方案组合,分别进行成本测算并形成策划方案,以及通过一些可

以提前预防的手段来降低成本增加的风险。

三、机械的管理

公路项目施工主要依托于机械,因此施工机械的管理也是公路工程施工成本管理的重点及难点。项目经理部内的设备管理部门要根据工程质量、进度和设备能力的要求,合理地配备施工机械。对于外租机械设备,如:摊铺机、压路机、平地机、吊车、发电机等,分别采取按台班、按工作量或包月等不同的租赁形式进行租用。要按油料消耗定额进行抽查,合理安排机械设备的进、退场时间,合理调度和充分利用,通过油料消耗与施工台班数进行测算比对,有效提高机械利用率。自备小型机具,也要合理使用,减少机具闲置。对于机械设备应建立日常定期保养和检修制度,确保机械设备的完好,杜绝机械事故的发生,努力降低机械使用成本。

综上所述,公路建设项目施工阶段的成本控制在整个项目目标管理体系中处于十分重要的地位,成本控制的好坏,直接影响到工程利润的高低。我们只有抓住关键节点,层层抓落实,深挖内部潜力,才有可能做好公路工程施工的成本控制,实现利益与声誉共赢的目标。⑤

美国莱纳公司冲破地产市场低迷的经营战略分析

彭 程

（对外经济贸易大学国际经贸学院，北京 100029）

摘 要：莱纳公司是美国四大房地产公司之一，创立于1954年，是唯一一家三次被评为"年度优秀建筑商"的公司。莱纳公司的扩张进程中一个与其他地产商明显不同的特点就是，莱纳公司通常在市场低迷时进行扩张，而在市场繁荣时稳健经营，改善资产结构，这是几十年来莱纳公司在多次金融和地产危机中仍能屹立和发展的重要原因。

关键词：莱纳公司；地产市场；经营战略

一、莱纳公司简介

莱纳公司是美国四大房地产公司之一，创立于1954年，是唯一一家三次被评为"年度优秀建筑商"的公司，1971年在纽约上市，目前总资产已超过90亿美元。以专门建造家具住宅起家，莱纳公司把"为人们建造一个更好的家，让人们能够在这个家里享受他们生命中最值得眷恋的时光"作为追求的目标，经过不断的发展，最终确定了"建造更好的房屋，让客户可以珍爱终生"的发展宗旨。

多元化经营和大规模投资并购是莱纳公司经营发展的主要战略，其多元化经营业务涉及住房贷款发放和管理、房地产金融保险、通信和保安监控技术服务、财产保险服务及物业服务等，在住房和地产方面实现了全方位经营，而通过不断地投资和并购扩大经营规模及吸收经营管理经验也是其重要特点之一，仅1996年到2003年之间莱纳公司就并购了19家公司，其中包括在2000年并购著名的US Homes公司。

莱纳公司的扩张进程中一个与其他地产商明显不同的特点就是，莱纳公司通常在市场低迷时进行扩张，而在市场繁荣时稳健经营，改善资产结构，这是几十年来莱纳公司在多次金融和地产危机中仍能屹立和发展的重要原因。

二、基本管理策略

产业链整合是莱纳公司经营的管理手段之一，公司涉足于土地的取得、选址设计、土地增值、住房营销等等，并且在每一个环节与不同的公司建立松散的合作伙伴关系，通过合作联营关系使得公司降低生产和管理成本，而相互之间的松散联系使得每个联营公司之间的关系相对独立，某一环节的问题对整体工程的影响被降至最小程度。

决策层集权是莱纳公司另一个管理特点。莱纳公司决策层的集权程度之高是目前分权潮流下其与其他公司明显不同的地方，总公司的决策层决策范围包括从战略制定到现金管理的每一个角度，公司的每一个行为都是由决策层制定之后再向下传达执行，并且目前莱纳公司高水平、高效率的决策层保证了公司运转的效率和质量，在危机中保证了公司全体战略行为一致，基本消灭了内部发生混乱的可能性。

莱纳公司的集权管理具有明显的保守性，尽管在地产黄金时期莱纳公司每年的住宅销售量都有着年均上涨 10% 以上的佳绩，但是公司仍然强调资本回报的稳定增长。为了防止市场促进下的土地投资过量，莱纳公司甚至对土地收购部门保持绝对低成本的行为进行奖励，以激励土地收购部门在绝对规模上减少土地的购入。

第三个基本策略是通过投资兼并来减少竞争对手、学习管理经验并扩展用户群体。大量兼并是莱纳公司近年来不断壮大的制胜法宝，关于这一点将在后面详细论述。

限制供应商的议价能力也是莱纳公司的策略之一。由于莱纳公司的生产线跨度大，因此每一个环节对原料供应商的依赖性也很强，为了防止对供应商的依赖造成供应商议价能力过高从而增加成本，莱纳公司采取了只和部分供应商合作的策略。由于只采用部分供应商的原料，因此对每个供应商的需求量增加，莱纳公司成为供应商的主要"衣食父母"，因此在议价环节，莱纳公司可以以更改供应商为牵制来限制目前供应商的议价能力，从而降低工程成本。

三、莱纳公司的投资扩张

纵观莱纳公司的扩张之路，一个非常明显的特点就是其扩张节奏往往是和经济运行规律相逆反的，这也是莱纳公司和其他所有地产商完全不同的增长战略。在抓住二战后朝战、越战影响美国经济恢复之机进入地产市场后，莱纳公司初期发展刚好顺应了战后地产市场的快速发展。

其第一次扩张是在 20 世纪 60 年代美国地产低潮的局面下，莱纳公司积聚能量，于 1971 年上市，在竞争最激烈的 70 年代避免了直接市场交锋，通过证券融资积聚实力。在 20 世纪 80 年代美国地产市场达到饱和的局面下，莱纳公司通过金融工具创新进军住房抵押贷款领域，成功实现了第二次扩张。面对 20 世纪 90 年代初的房地产繁荣发展阶段，莱纳公司又一次选择了韬光养晦的战略来积攒实力，只是对旗下的企业和服务进行了细分和完善，并进行了少量兼并。面对 21 世纪起始阶段美国经济增长放缓，莱纳公司开始了大规模的兼并活动，仅 2002 年一年就兼并了 9 家地产企业，使得莱纳公司迅速膨胀了起来，之后的几年莱纳公司继续稳固其现有局面而延续其不在经济高速膨胀时期大规模扩张的传统。

从 2007 年开始，美国乃至全世界迎来了自二战以来的最严重的经济危机，在股市和银行业遭受重创的情况下，莱纳公司尽管由于股市暴跌而使其市值缩水了将近三分之一，并且总资产由 2007 年的 91 亿美元锐减到 2008 年 74 亿美元，但是由于其多年的稳健经营策略和对现金流及各项财务方面的优化，其实际运行并未受到影响，在收益下降的情况下莱纳公司及其子公司的业务仍然顺利运行，没有任何一家子公司倒闭或陷入危机。莱纳公司高管表示虽然市场在下滑，但是根据公司多年来的经营战略，他们看到了市场中独有的机遇。

在这段时期，美国另一家著名的地产公司霍顿公司 (D.R. Horton) 承诺在 2010 年之前让自己修建的房屋数量翻倍，企图用大量投资国内新开地产的方式走出低谷，但是由于地产行业的整体高风险，霍顿公司的这个战略遭到了广泛的质疑。而莱纳公司则抓紧时机大量积累资金，找准时机以低廉的价格收购土地和小型建筑商，在市场衰退阶段大放异彩。

在国内积蓄力量的同时，莱纳公司把扩张的触角伸向了海外市场。2010 年及 2011 年的投资总额都超过 7 亿美元。2012 年 6 月莱纳公司展开与中国铁建公司的合作谈判，其内容涉及莱纳公司在中国的直接投资以及通过中国铁建向国家开发银行融资等。

在美国国民经济还未完全走出经济危机阴影的时候，2011 年莱纳公司的总资产已经重新恢复了经济危机前 91 亿美元的水平并实现了超越，根据 2012 年的财务报表来看，莱纳公司这一次又会继续抓住经济低潮恢复期来实现新一轮的扩张。

四、资产负债表管理

莱纳公司总部在公司整体战略、土地并购和获取、风险控制、融资、现金流管理、信息系统等决策方面保持总体的全面控制，而在业务管理方面，公司主要是通过对各业务模块的资产负债表进行管理来加强各地分公司体系的有效运行。

对资产负债表的管理基于公司的并购扩张战略，莱纳公司认为并购资产的价值在于良好的定位，而资产的流动性根植于持续稳健的资产负债管理。莱纳公司长期奉行优化债务结构和现金流的管理方式，公司自 2005 年开始账面就长期保持超过 10 亿美元的流动现金，其非金融服务部门的债务规模只占公司资本的三分之一，毫无疑问莱纳公司是全行业资产负债表状况最好的公司。

在 2007 年后的经济危机时期，地产行业受到了严重打击，这也给莱纳公司的资产负债表管理造成了一定的不良影响。但是即使在这种情况下莱纳公司的资产负债率仍然不超过 50%。在 2010 年公司资产负债率达到历史最高的 49.7% 后，2011 年由于危机影响缓解，公司资产负债率 49.1%，这说明莱纳公司仍然把优化资产负债结构这一公司长期以来赖以生存和扩张的战略作为公司经营的重中之重。

五、对中国地产企业的启示

莱纳公司的优异表现，对于中国地产业主要有两条最重要的值得借鉴的经营管理手法。第一点是不断优化经营管理结构，第二点是稳健经营，优化资产负债表。

首先是优化经营管理结构。中国目前的状况是地产行业内专业地产商和各企业下的地产部门混战，走专业化路线并且围绕地产业综合开展业务的企业极少。各类地产商混战的结果就是市场竞争激烈但是秩序混乱，并且存在部分恶意炒作地价进行投机的地产商。这带来的结果就是行业内部缺少处于绝对领导地位的企业，这使得地产企业没有办法全方位专业化地完善其地产服务，造成中国地产行业缺少品牌和顶级质量的房屋。

很多地产商是隶属于某个主营其他业务的公司下面的子公司，这种地产公司的经营还带有囤积物业和方便贷款的目的，这种公司几乎不存在被并购的可能，而众多这种地产经营者的出现更使得市场四分五裂，加剧了群龙无首的状态。众多地产企业忙于相互竞争和投机囤地，无暇顾及消费者反馈，使得应有的地产多元化服务处于空缺的状态，这也进一步使得整合整个产业链成为一大难题。企业在这种环境下，急于去囤积土地，而忽略了拓展服务范围这一经营上的可能性。

莱纳公司的经营给我们的启示正是基于这种局面的。在 Horton 和 Contex 等公司忙于拓展土地和增加建设量的同时，莱纳公司则把目光放在了拓展经营面，扩大服务范围并提供专业化服务上，这也使得其地产主业得到巩固，资金紧张状况得到缓解，而重视客户体验的经营理念则为莱纳公司培养了一批忠实的客户，这些客户在购置改善性住房和投资性住房时的巨大消费力为莱纳公司的房屋销售注入了巨大的活力。

中国的地产企业也可以借鉴这种经营方

式，在地价被炒高时回避急于出手的心态，转而把资金用于多样化经营和专业化管理上，不但能创立地产行业的名牌，并且有利于培养忠实的消费群体。同时，地产相关服务行业，例如物业服务等的波动性小于地产行业本身，拓展经营范围也可以巩固现金流和经营规模，在遇到冲击时可以更有力地进行抵御。

另一点中国地产商可以借鉴的经营经验是不断努力优化资产负债表。企业的资本结构是企业赖以生存、发展和抗御风险的金融基础，企业抵御风险的能力和资产负债表有着密不可分的联系，资产负债表的优化程度直接决定了企业面对风险时的抵御能力。

目前，中国地产行业普遍的资产负债率为65%左右，为莱纳公司平稳运行阶段的将近两倍，过高的负债使得地产企业的经营过度依赖银行。在这种情况下，国家对存贷款利率的调节对地产商的影响是致命的，利率的细微调节都会对地产行业产生程度远远超过其他多数行业的影响，对地产行业的经营运转产生重大影响。

显然，如果资产的增值快于负债的增加，那么资产负债表就不会出现恶化。而在国家对地产行业不断调控的今天，通过银行贷款来扩张建房明显是在加重企业的负债经营程度，当企业的负债规模是其净资产的两倍时，地产这一实体经济行业不得不在依附银行和政府才可以存活的情况下看天吃饭。

莱纳公司在这一点上又一次给了我们很好的启示，莱纳公司多年来的经营特点就是资产负债率低，这也使得莱纳公司几乎对各种经济波动处于免疫状态，而稳健经营并未使得公司扩张速度减慢，通过全方位的服务支持，莱纳公司的扩张速度仍然十分惊人，这种在惊人高速扩张中保持稳定的经营手段便是对资产负债表的优化。这种通过改善资产负债表来稳定经营继而稳步扩张为改善资产负债提供进一步支持的循环扩大发展对于中国地产企业有着很好

的借鉴意义。如果中国的地产商们可以逐步放慢在土地上的扩张角度，转而对现有业务进行巩固的话，那么他们不但可以逐渐降低对银行贷款的依赖程度，并且还可以在面临风险的时候通过全方位的经营服务来转移风险。

六、结论

以上便是通过分析美国莱纳公司的经营管理手段而得出的中国地产商在相关或相似条件下可以借鉴的经验。面对当下外部经济不景气和国内地产行业大规模调控的局面，地产商应该减慢对地皮的开发速度，改善现有的住房服务，逐渐改善资产负债规模，以此来稳定经营，改善市场环境。地产商对经营管理的优化也可以为市场带来积极的动力，使得市场竞争逐步走向健康，在稳定地产公司自身经营的同时稳定房价，让消费者获得实惠，并且降低国民经济的波动程度。⑥

参考文献

[1] Lennar Form 10-K 2011 Annual Report.2012.

[2] 马涛.资产负债表危机与国家资本结构优化 [J].产权导刊,2011（12）.

[3] Merle Erickson,Shane Heitzman,X.Frank Zhang. Analyst and Market Responses to Tax-Motivated Loss Shifting [J].2011（10）.

[4] Alan L.Carsrud,Malin Brannback. Under-standing Family Firms-Case Studies on the Management of Crises,Uncertainty and Change [M].

[5] 周楠.适合住宅产业化的房地产企业发展模式研究 [D].南京林业大学,2007.

[6] 彼得考伊.Horton 公司与 Lennar 公司,另辟蹊径建住宅 [J].商业周刊,2006(05).

[7] Lennar 公司的扩张之路——万科中长期规划项目报告 [R].2005.

[8] 佟裕哲.居住文化精华的继承和延续 [J].建筑学报,2005(04).

安藤忠雄的建筑理念与中国建筑
设计的创新思维

郭宏媛

（对外经济贸易大学国际经贸学院，北京 100029）

摘　要：安藤忠雄是日本著名的现代建筑师，他的建筑设计之路充满了传奇色彩。他崇尚的以人为本、建筑与自然环境及历史文化的包容性、建筑材料的纯粹性等值得当代中国建筑师学习。他通过对建筑本质的探索开拓出了一套属于自己的建筑理念。中国的建筑设计师也应该学习安藤的这种创新精神。

关键词：安藤忠雄；建筑理念；创新思维

安藤忠雄是日本著名的现代建筑师，他的建筑设计之路充满了传奇色彩。早年的安藤曾经做过卡车司机和拳击手，后来因为对建筑设计的兴趣独自游历了欧洲和美国。在游历的过程中，他观察不同的建筑风格、体味不同的生活方式，产生了一种对一切事物淡然、平和的认知。大学教育的缺失并没有阻碍他的建筑生涯，思考和游历的经历使他冲破了教条的束缚，独创了一套回归人性和本质的建筑理念。他崇尚的以人为本、建筑与自然环境及历史文化的包容性、建筑材料的纯粹性等值得当代中国建筑师学习。

一、安藤忠雄的建筑理念

（一）以人为本，挖掘建筑的本质和实用性

"建筑并不是一个人的作品，而是整个社会环境的一部分。如果建筑作品是美术馆之类的，那它的主角并不是建筑师，也不是建筑作品，而是在这个空间中将要展出的展品和前来

参观的民众。如果建筑作品是住宅之类的，那么它的主角则是居住在其中的人们，它的目的是让人们能够很愉快、很安宁地居住在里面。倘若真能如此，生活、创作的本质便不容易背离，浮躁、虚荣、喧嚣和争夺似乎也可远离。"安藤忠雄的建筑作品中，到处可以感受到以人为本的建筑理念。从住宅建筑到美术馆、教堂，他让建筑回归本质，发挥建筑在人们生活中容器的作用。

安藤的代表作，位于大阪的住吉长屋就是这一创作理念的体现。为了在大阪老城区拥挤而杂乱的环境中创造出既保证私密又能接触大自然的居住空间，安藤大胆地采用了完全封闭的混凝土"盒子"，盒子内安装了一个占地三分之一的被他称之为"光庭"的采光天井。这样的结构使得居住在盒子中的人既能够享受独立的居住空间，忘记盒子外杂乱拥挤的环境，又能够通过光庭，吸收大自然的阳光雨露，与大自然融为一体。光庭的存在使整栋建筑既分离又联系，使住宅的作用得到了发挥。

（二）利用自然资源，注重建筑与环境的包容性

安藤忠雄一直努力追求一种建筑与自然和谐统一的境界，山、水、光这些自然元素是他设计灵感中重要的组成部分。1978年开始建造的六甲山集合住宅，便是顺应山脉走向，依山而建的，并不破坏山体原来的走势与肌体。山上的树木掩映在楼层之间，即使住在高层，一推窗便可看见绿树，住在这样的房子里会让人远离城市的喧嚣，置身自然，体会那种纯粹和幽静之美。六甲山集合住宅可以说是安藤忠雄建筑中对环境包容的典范。

而安藤忠雄的另一代表建筑光之教堂，则可以说是建筑史上光影利用的极致。光之教堂位于大阪城郊，地处幽静的住宅区，是现有一个木制结构教堂和牧师住宅的独立式扩建。安藤用一段完全独立的墙体以15度的角度巧妙地切入教堂的矩形体块内，并将入口与教堂分离。光线通过圣坛后面墙体上的十字架开口穿入漆黑的箱式建筑。这个空间的开口非常有限，因为光线只有在黑暗的衬托下才显得明亮；而自然的存在仅限于光这一要素，并且显得极为抽象。墙壁上这道由光线勾勒而成的"光的十字架"成为了教堂的建筑元素，也成就了这座著名的光之教堂。

（三）保留历史记忆，使建筑与城市相融合

历史、文化无疑是建筑设计构思的基础平台，缺少对历史文化的解读和剖析，任何人都无法设计出合适的建筑。安藤忠雄对于环境中蕴含的社会、文化、历史等内涵的挖掘，表现出了他对历史记忆的关注和重视。一座有历史、有记忆的建筑才能够产生共鸣，安藤忠雄使建筑与城市及历史形成有机的整体，而不是突兀的存在。

在安藤看来，建筑是对一个地方的一种记忆，这种记忆不仅仅是个人的，也是一个社会的。

如在"9·11事件"后的纽约世界贸易中心重建设计方案的征集中，安藤提出了反对在废墟上建造任何建筑物，并提出"镇魂之墓"的设计方案。该设计方案计划在原址上建造一个六分之一的球体，球体从地面上方隆起，高度为30米。这是一个巨大的坟墓，成为安抚灵魂和供人反省的场所。虽然这一设计方案最终被否决，但这些设计构想体现了安藤对于历史记忆的重视。一座有记忆的城市才能成为城市，而城市中的建筑更应该承载这座城市的记忆，使城市变得更加富于感情，更加美好。

（四）采用清水混凝土材料，强调建筑的简单和纯粹性

清水混凝土是安藤建筑的标志。他在建筑作品中大量应用了清水混凝土这种最朴素，最纯粹的原材料。混凝土是一种坚硬的材料，但它在浇捣凝固之前却具有流动性和可塑性，可以自由地改变形状。安藤为流动的混凝土赋予了一种几何学秩序，他充分利用这种材料的属性并发掘出其抽象的美学价值，让混凝土搭建空间，将墙、空间、光等元素有机地整合在一起，赋予混凝土一种精致的表现。这种纯粹的材料使得安藤的建筑有一种朴实简单的美，别具匠心，与众不同。

安藤对于材料极其苛刻，一般建筑混凝土的硬度为21度，而他的要求是15到16度，这会加大施工的难度，但是却能令建筑更加牢固、更加美观。"打造有美感的混凝土"是安藤忠雄的信仰。混凝土在自然的作用下，日晒雨淋，会形成不同的状态，好似一幅人工雕琢的山水画，却比人工雕琢的作品多了几分变化莫测。这种纯粹的建筑材料体现了安藤那种回归的建筑理念，使一切亲近自然，回归自然，达到融合的效果。

二、中国建筑的现状

在分析过安藤忠雄的建筑理念之后，我们

再来看一下中国当代建筑的一些问题。

（一）大量具有历史文化意义的建筑不断消失

在中国的城市化大潮中，大量的具有重要历史意义的建筑不断被摧毁。那些承载着城市记忆的建筑一座座从我们的眼前消失，甚至让我们有一种不知身在何处的错觉。全国第三次文物普查结果显示，虽然部分传统优秀建筑已纳入抢救和保护名录，但城市化的推土机仍在摧毁着它们。维修过度、错误翻修、地产开发拆毁、城中村改建等问题正使我们的文化建筑大量流失。据卫星观测，北京有四成文化遗产荡然无存，北京文物局公布的 539 座受保护的四合院已拆掉 200 座。我们面对的，是一座座没有记忆没有历史的城市，这样的城市，让我们的感情无处栖身。

（二）建筑原创水平整体偏低，模仿复制作品充斥市场

虽然政府一再倡导自主创新，但当代的建筑设计作品还是有六成以上为模仿或复制。中国美术学院建筑艺术学院院长、2012 年普利兹克建筑奖获得者王澍曾在文章中提到，"25 年来中国当代建筑学谈不上有什么进展，有的话，也是对西方建筑学模仿甚至抄袭的手段娴熟了。" 他曾看到建筑系二年级学生的作业，已能娴熟地模仿极为复杂的解构做法，但作者却回答不了一些最基本的构造问题。从校园到社会，整体环境的浮躁使得中国的设计师们缺少原创设计的动力和技术，开发商、投资商、业主等利益相关者的意见也制约了建筑创作的独立性。

（三）高大奇异建筑不断出现，形式大于内容、形象大于功能

北京央视大厦"大裤衩"、苏州"东方之门""大秋裤"、沈阳黄金版"大裤衩"，这些奇异建筑的出现，引来了无数的争议。部分建筑设计者和开发商们更是形成了一种盲目贪大、一味攀高的风气。据统计，全世界 20 幢最高建筑中 11 幢在亚洲，而 11 幢中有 9 幢在中国。有些过分高大的建筑，在其所处的环境中显得突兀而缺乏美感。在有些人的眼里，建筑早已被异化了，高度比功能重要，名气比造价重要，形式比内容重要。事实上，建筑物如果没有实现其实用性，没有获得公众的喜爱，那他们必定是悲哀的。

三、安藤忠雄的建筑理念对中国建筑设计的启示

分析安藤忠雄的建筑理念，反思我国建筑设计现存的一些问题，我们得到以下启示。

（一）回归以人为本，关注建筑的实用性

建筑归根结底是为人们生活服务的，如果建筑没有实现其基本的容器功能，那它就失去了存在的价值。安藤忠雄的建筑设计中，从结构到材料，无一不体现其人本位的思想。住宅、美术馆、教堂，不同的建筑物根据其功能和所处的环境被赋予了不同的形式，但安藤的建筑思想却始终贯穿其中。中国的建筑设计也应该学习安藤的回归思想，更多地关注建筑本质，使建筑真正发挥它们的作用，实现它们的价值。在住宅设计中，关注采光、通风、阳光，让居民在城市的小区中充分接触自然，享受生活；在商业建筑中，更多地考虑实用性，而不是一味求大求高求异；在美术馆、博物馆等文化建筑中，充分考虑展品和观众的需要，让展品能充分展示自身价值，让观众能畅快欣赏艺术之美。

（二）注重历史文化建筑保护，创造和谐城市建筑环境

安藤忠雄的建筑设计十分注重对于当地历史文化的保留和运用。中国作为一个历史文化悠久的文明古国，有着十分丰厚的建筑文化积淀，长城、故宫、赵州桥等建筑史上的杰作，承载着中国建筑的辉煌。中国的建筑设计，更不应该抛弃历史和文化，推倒（下转第 107 页）

从中缅油气管道建设看中国石油安全

郑 毓 欣

（对外经济贸易大学，北京 100029)

一、引言

石油安全是国家经济安全体系中必不可少的重要组成部分，对一国国民经济的发展具有重大意义。石油安全主要是指一国拥有主权、或实际可控制、或实际可获得的石油资源，在数量和质量上能够保障该国经济当前的需要、参与国际竞争需要和可持续发展的需要。合理的石油价格和稳定的石油供应是石油安全的核心问题。石油安全的判断标准主要包括国民经济的独立性、石油供应的经济性、石油供应的可持续性三个方面。

全球能源版图正在发生变化。没有一个国家可以免受全球石油市场的冲击。随着中国对外开放的深化，中国的石油生产和消费越来越紧密地同世界石油市场联系在一起。因此考察中国的石油安全，首先应把中国放在世界石油供给和消费格局中进行考察。本文首先对世界石油格局和中国在其中所处的地位进行分析，接着通过中缅油气管道建设的案例，着重从石油供给的可持续性、隐含的政治风险来研究石油安全问题。

二、世界石油生产消费格局和中国在其中所处的地位

（一）石油生产

化石能源依然主导全球能源结构，其中石油占据了重要地位。

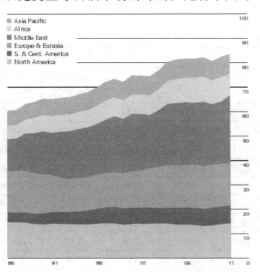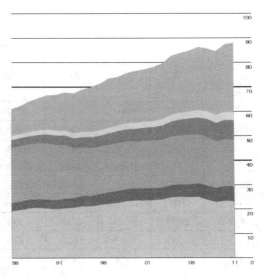

图 1　各地区石油生产和消费所占比重（1986-2011）

图1是世界各地区在1986到2011年间石油生产和消费所占比重。中东地区所占份额始终远高于其他地区，并有上升趋势，北非所占份额也较大。可见世界石油生产具有高度集中于中东和北非地区。

美国、俄罗斯的石油生产保持强劲的增长势头，如表1所示，俄罗斯2011年产量占到了世界的12.8%，仅次于沙特阿拉伯，美国也达到了8.8%，且近期产量显著上升，相比之下，中国石油产量增长缓慢，2011年占世界石油生产的比重只有1%。

美国能源信息署《2012能源展望》预测，当前10年非欧佩克产油国石油产量逐步回升，但是2020年以后的全球石油供应更加依赖于欧佩克。2015年后非欧佩克的石油产量从2011年不到4900万桶/日增长到5300多万桶/日以上，并维持到本世纪20年代中期，之后将下降到2035年的5000万桶/日。而欧佩克国家产量将持续上升，特别是2020年后，欧佩克在全球石油产量中的比例将从目前的42%提升到2035年前的50%。

从世界石油已探明储量的地区分布来看（图2），中东的份额已从1991年的64.0%下降到2011年的48.1%，与之相对应的是拉丁美洲地区的份额显著上升。这其中委内瑞拉占的比重达到17.9%（表2）。而中国已探明储量占世界的比重在2011年末只有0.9%，储量与产量的比值也只有9.9%。

（二）石油消费

从图1可以看出，亚太、北美和欧洲是石油消费的主要地区，其中亚太的消费份额在不断攀升。新兴经济体石油消费增长，特别是中国、印度和中东地区交通运输业石油消费的增长超

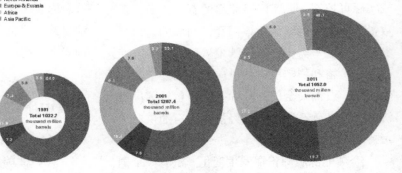

图2　石油已探明储量的分布，1991，2001，2011

主要国家 2005-2011 年石油产量（单位：千桶/日）								表1	
项目	2005	2006	2007	2008	2009	2010	2011	2011年相对2010年变化率	2011年产量占世界的比重
美国	6895	6841	6847	6734	7270	7555	7841	3.60%	8.80%
委内瑞拉	3003	2940	2960	2985	2914	2775	2720	−2.00%	3.50%
俄罗斯	9443	9656	9869	9784	9927	10150	10280	1.20%	12.80%
伊朗	4184	4260	4303	4396	4249	4338	4321	−0.60%	5.20%
伊拉克	1833	1999	2143	2428	2447	2480	2798	12.80%	3.40%
沙特阿拉伯	11033	10775	10371	10769	9809	9955	11161	12.70%	13.20%
阿尔及利亚	2015	2003	2016	1993	1816	1762	1729	1.60%	1.90%
利比亚	1745	1815	1820	1820	1652	1659	479	−71%	0.60%
尼日利亚	2551	2468	2354	2170	2120	2453	2457	0.20%	2.90%
中国	3642	3711	3742	3814	3805	4077	4090	0.30%	1.00%

各国已探明储量（单位：亿桶）　　　表2

项目	2010 年末	2011 年末	占世界的比重	储量 / 产量
美国	30.4	30.9	1.90%	10.8
委内瑞拉	296.5	296.5	17.90%	
俄罗斯	86.6	88.2	5.30%	23.5
伊朗	151.2	151.2	9.10%	95.8
伊拉克	115	115	8.70%	
沙特阿拉伯	264.5	264.5	16.10%	65.2
阿尔及利亚	12.2	12.2	0.70%	19.3
利比亚	47.1	47.1	2.90%	
尼日利亚	37.2	37.2	2.30%	41.5
中国	14.8	14.8	0.90%	9.9

需求增长来自中国、印度和中东地区。

分国别考察，美国2011 年消费量占世界比重为 20.5%，中国仅次于美国，达到 11.4%，2011 年相比 2010 年增加 5.5%，显示石油消费增长势头强劲（表3）。

（三）石油价格

2011 年世界原油

过了经合组织石油需求的下降幅度，使得石油使用量继续维持较高水平。从现在到 2035 年全球能源需求将增长三分之一以上，其中 60% 的

价格保持在每桶 85 到 110 美元之间。从图 3、4 可以看出，世界油价自 20 世纪 70 年代以来整体是波动上升态势。

主要国家 2005-2011 年石油消费（单位：千桶 / 日）　　　表3

项目	2005	2006	2007	2008	2009	2010	2011	2011 年同比增长	2011 年消费量占世界的比重
美国	20802	20687	20680	19488	18771	18180	18835	1.90%	20.50%
加拿大	2229	2246	2323	2288	2179	2298	2293	0.40%	2.50%
巴西	2070	2090	2235	2395	2415	2629	2653	2.30%	3.00%
法国	1946	1942	1911	1889	1822	1761	1724	−1.70%	2.00%
德国	2592	2609	2380	2502	2409	2445	2362	−3.30%	2.70%
俄罗斯	2621	2772	2648	2779	2710	2904	2961	5.50%	3.40%
中国	6944	7437	7817	7937	8212	9251	9758	5.50%	11.40%
印度	2567	2571	2835	3068	3267	3332	3473	3.90%	4.00%
日本	5327	5182	5007	4809	4381	4413	4418	0.50%	5.00%
韩国	2312	2320	2399	2308	2339	2392	2397	−0.10%	2.60%

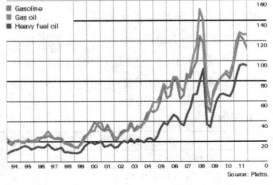

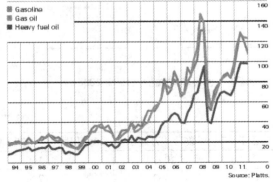

图3　世界原油价格（1994-2011）

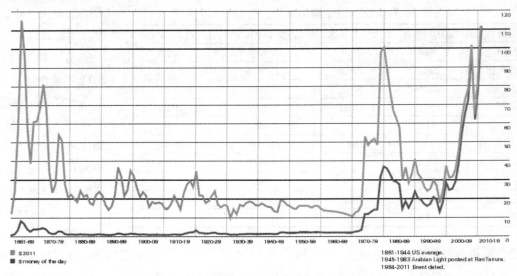

图 4　世界原油价格（1861-2011）

美国能源信息署《2012 能源展望》预计 2035 年世界石油需求将从 2011 年的 8740 万桶 / 日提高到 9970 万桶 / 日，届时原油进口平均价格将提高到 125 美元 / 桶（以 2011 年美元价格计算），名义价格超过 215 美元 / 桶（图 5）。

（四）石油贸易

由于产量、已探明储量受限但消费需求强

图 5　世界年均油价（1980-2035）

劲，中国需大量进口石油。由表 4 可知，近三年来尽管受金融危机冲击，中国石油进口依然持续增长。

表 5 显示，进出口量上中国 2011 年原油进口 25290 万吨，占世界总进口额约 13.4%，出口仅 150 万吨，占世界总出口额比重非常微小。

表 6 显示，进口来源地上 2011 年中国从中东进口原油 13708 万吨，占中国总进口额约 42%，其次是前苏联国家和西非，占中国总进口额约 27.7%。可见中国石油进口来源地也集中于中东。

（五）中国国内石油生产和消费情况

图 6 显示，改革开放以来中国能源生产结构中原煤始终占据 70% 以上份额，且呈上升趋势，而原油产量比重大幅下降，由 1978 年的 23.7% 下降到 2010 年的 9.8%。近三年来，国内原油产量增长也十分缓慢（图 7）。

消费方面，中国是美国之后世界第二大能

2009-2011 年中国石油进口　　　　　　　　　　　表 4

项目	数量（万吨）	累计比去年同期（%）	金额（千美元）	累计比去年同期（%）
2009	20379	13.9	89255587	−31
2010	23931	17.5	135151090	51.4
2011	25378	6	196664467	45.3

各主要国家和地区石油进出口（2011年）　　表5

	Million tonnes				Thousand barrels daily			
	Crude imports	Product imports	Crude exports	Product exports	Crude imports	Product imports	Crude exports	Product exports
US	445.0	114.8	122.1	122.1	8937	2400	21	2552
Canada	26.6	12.7	111.7	26.8	533	265	2243	561
Mexico	–	32.7	67.5	6.2	–	684	1356	131
South & Cent. America	18.7	62.6	139.0	46.5	375	1308	2791	972
Europe	464.2	132.2	12.9	86.4	9322	2764	259	1806
Former Soviet Union	†	5.1	319.3	108.9	‡	107	6413	2276
Middle East	10.7	11.4	879.4	100.0	214	239	17660	2090
North Africa	21.0	20.6	72.3	22.9	423	430	1451	478
West Africa	†	11.8	224.1	7.4	‡	246	4501	154
East & Southern Africa	2.4	11.6	16.6	0.3	48	243	334	6
Australasia	26.8	16.6	14.2	8.0	538	346	285	168
China	252.9	75.2	1.5	29.8	5080	1571	30	623
India	169.7	8.2	0.1	41.8	3407	171	1.5	873
Japan	177.3	44.5	†	13.9	3560	930	0.6	290
Singapore	55.1	97.6	0.7	87.1	1107	2040	14	1822
Other Asia Pacific	224.4	133.2	34.3	82.6	4505	2785	690	1727
Total World	1894.7	790.7	1894.7	790.7	39050	16530	38050	16530

各主要国家地区间石油贸易（2011年）　　表6

Million tonnes From							To							
	US	Canada	Mexico	S. & Cent. America	Europe	Africa	Austral-asia	China	India	Japan	Singapore	Other Asia Pacific	Rest of World	Total
US	–	8.2	27.1	41.1	23.7	3.4	0.5	4.1	0.7	4.0	6.8	0.5	3.1	123.1
Canada	133.8	–	0.1	0.3	2.4	–	†	1.2	–	0.6	†	0.2	†	138.5
Mexico	59.8	1.5	–	1.3	7.2	†	–	1.7	1.8	–	0.2	†	0.1	73.8
S. & Cent. America	111.2	1.2	0.8	–	17.4	0.1	†	27.1	15.7	0.7	10.3	0.9	0.1	185.5
Europe	29.5	8.6	2.9	3.6	–	28.4	0.3	0.7	0.5	0.6	11.1	2.2	10.7	99.3
Former Soviet Union	35.5	1.2	0.2	1.3	298.2	0.4	1.3	48.6	1.0	8.8	6.3	15.6	9.7	428.2
Middle East	95.5	5.3	0.8	6.0	126.0	26.0	8.4	137.8	110.7	175.1	61.1	226.6	0.1	979.4
North Africa	18.4	6.4	0.4	4.3	49.5	†	0.6	6.0	6.5	0.5	†	1.7	0.7	95.1
West Africa	68.3	6.2	0.1	11.1	57.6	†	3.4	42.2	29.5	1.2	0.1	11.8	–	231.5
East & Southern Africa	†	–	–	†	0.1	†	†	13.0	1.3	2.1	0.1	0.2	–	16.9
Australasia	0.5	–	–	0.6	†	†	–	7.9	0.7	2.5	1.8	8.3	–	22.2
China	0.2	–	–	5.7	0.7	1.2	0.1	–	1.0	0.6	3.2	17.3	1.3	31.3
India	2.3	†	–	3.5	7.6	4.8	0.1	0.2	–	2.6	12.3	7.8	0.6	41.8
Japan	0.4	0.1	0.1	0.1	0.4	†	2.3	2.1	†	–	5.3	3.0	†	13.9
Singapore	0.3	0.2	–	0.3	2.1	2.0	0.6	7.1	2.9	0.4	–	61.5	0.4	87.8
Other Asia Pacific	4.2	0.1	0.1	2.1	3.4	0.9	15.6	28.4	5.4	22.1	34.3	–	0.3	116.9
Total imports	559.8	39.3	32.7	81.2	596.4	67.4	43.4	328.1	177.9	221.8	152.7	357.6	27.2	2685.5

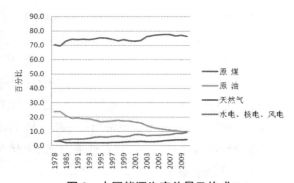

图6　中国能源生产总量及构成

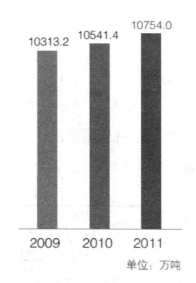

图7　2009-2011年国内原油产量

源消费国。自1980年以来，中国能源增长控制在GDP增长之下，但在2002年之后，中国能源需求增长速度快于GDP（图8），这一趋势使中国2000到2020年的能源需求增长限制目标难以完成，引起了相关决策层的高度重视。

中国的消费结构也以煤炭为主，所占比重在70%左右，有小幅下降趋势，其次是石油，稳定在20%左右（图9）。在这样的背景下，扩大石油消费比重、降低煤炭消费比重将是中

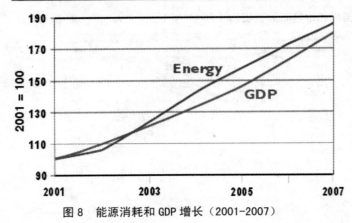

图8　能源消耗和GDP增长（2001-2007）

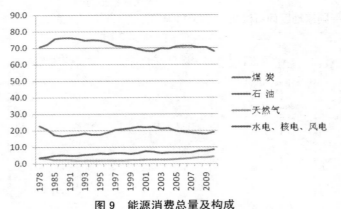

图9　能源消费总量及构成

国能源政策的长期方向。

　　石油平衡表（表7）显示了石油可供量和消费量的对比，可以看到中国以石油进口量的大幅增加弥补产量的不足，由1990年的-50.6转正，到2009年实现结余78.3万吨。这说明了石油进口对于中国石油安全的重大意义。

三、中缅油气管道概况

　　中缅油气管道建设计划最早于2004年提出，2009～2010年取得实质性进展。中国石油天然气集团公司与缅甸能源部签署了一系列关于中缅油气管道建设与运营的协议，明确了合资公司所承担的权利和义务。原油管道合资公司于2010年6月1日在香港注册，中国石油集团东南亚管道有限公司是大股东，另一股东是缅甸油气公司。协议规定，东南亚管道公司将作为控股股东，负责油气管道工程的设计、建设、运营、扩建和维护，油源主要来自中东和非洲。

　　2010年6月3日和9月10日，中缅油气管道缅甸段和中国境内段相继开工建设，计划2013年建成投产。两条管道均起于缅甸西部若开邦港口城镇皎漂，途经若开邦、马圭省、曼德勒省、掸邦，从云南瑞丽进入中国境内。中缅原油管道全长2402千米，其中，缅甸境内段长771千米，设计输油能力2200万吨/年；中国境内段干线长1631千米，设计输油能力2000万吨/年。中缅天然气管道全长2520千米，其中，缅甸境内段长793千米，设计输气能力120亿立方米/年；中国境内段干线长1727千米，设计输气能力（100～130）亿立方米/年。在缅甸设输油公司一个，输油管理处3个，培训中心一个。与输油管道配套的30万吨级原油码头一座，位于西海岸皎漂湾内的马德岛，年接卸能力2200万吨。油气管道途径3省1市、23个地级市，73个县市，穿跨越大中型河流56处，山体隧道76处。沿线地形地貌和地质条件复杂，是我国管道建设史上难度最大的工程之一。中缅油气管道总投资25.4亿美元（云南年

石油平衡表（单位：万吨）　　　　表7

项　　目	1990	1995	2000	2005	2009
可供量	11435.0	16072.7	22631.8	32539.1	38462.8
生产量	13830.6	15005.0	16300.0	18135.3	18949.0
进口量	755.6	3673.2	9748.5	17163.2	25642.4
出口量（-）	3110.4	2454.5	2172.1	2888.1	3916.6
年初年末库存差额	-40.8	-151.0	-1244.6	128.8	-2211.9
消费量	11485.6	16064.9	22495.9	32537.7	38384.5
平衡差额	-50.6	7.8	135.8	1.4	78.3

鉴2011），其中石油管道投资额为15亿美元，天然气管道投资额为10.4亿美元。

2011年，中缅油气管道控制性工程米坦格河跨越工程和伊洛瓦底江穿越工程相继完工。2012年10月24日，中缅油气管道澜沧江跨越工程贯通并交付铺管，标志着我国首座三条油气管道并行跨越大桥顺利完工，由此掀开我国大跨度悬索管道跨越采用无抗风索系刚性桥面的新篇章。2012年10月29日，中缅油气管道若开山段打火开焊。

四、管道建设意义

（一）对我国石油安全的意义

目前国外关于石油进口与石油安全的关系，存在两种说法，其一是当一国石油进口量占国内消费量的30%时就会产生安全问题，其二是当一国的石油进口量超过5000万吨时，国际石油市场的行情变化就会影响到该国的国民经济运行，而当一国的石油进口量超过8000万吨以后，就必须运用外交、经济、军事手段来保证石油供应的安全。

《中国的能源政策（2012）》白皮书显示，2011年我国石油对外依存度达到56.5%，比2010年上升了1.7个百分点。2013年中国石油对外依存度将达60%左右。结合上文分析可知中国已远超这两个指标，石油安全问题必须得到高度重视。

短期而言，导致中国石油需求快速增长的主要因素一是高油耗的第二产业特别是汽车、建材和化工业的迅速增长，带动了对石油需求的大幅增长，二是受中国经济快速增长和经济结构调整等因素影响，电力需求大幅增长，因电力供应不足而导致燃油发电量剧增。从长期看，中国国内石油需求的快速增长与国内石油产量增长和可持续供给能力的矛盾日益突出，获取海外油气资源已成为中国石油安全乃至国家对外战略的重大问题。

石油进口和到海外开采石油（即"走出去"）是两大获取海外油气资源的途径。与进口石油相比，"走出去"使中国企业有条件控制石油生产的上游和中游（勘探、发掘、运输、加工），中缅油气管道即使运输加工环节的"走出去"，可以减少支付给国际石油贸易中间商的交易成本。同时，"走出去"还有利于带动石油开采设备出口、创造就业机会。

石油供应安全要求建立起安全的石油运输通道。石油资源分布的极不均衡性以及石油生产地与消费地的不一致，使得石油运输安全成为我国石油安全的重要组成部分。目前国际上主要的石油运输方式有海运（海上油轮运输）和管运（国际输油管道运输）。从中国的石油进口来看，超过90%的是海上运输。由于其海运线的单一以及海上运载与装卸能力不足等给我国石油运输的安全带来一定的隐患。在整个石油海运进口份额中，我国的自主运输能力仅占了整个进口石油量的一成，大量原油只能依靠即期市场租船。过去，中国70%的进口石油都必须通过马六甲海峡，马六甲海峡地区历来地形复杂、恐怖和海盗活动猖獗，为各大国必争之地，美国在该地区有传统影响，一旦发生动乱或战事，马六甲海峡的通行必受影响，将严重影响我国的石油供应与安全。中缅油气管道修通后，来自中东和非洲的原油就可源源不断的通过云南省的昆明，并输送到中国西南其他地区，比传统海航线路缩短了1200千米的距离。有了这条西南陆上通道后，再加上现有的我国东北、西北和海上通道，我国能源进口通道格局将进一步改善，战略资源供应紧张的局面可望缓解，并能保障我国能源供应安全。

中国目前海外运营油气管道总里程超过1万千米。其中，原油管道6672千米，天然气管道3822千米，全年输送原油3919.6万吨、天然气177.6亿立方米。中哈原油管道、中俄原油管道等输油气管道保持安全平稳运行。与中国其他3条供应线相比，中缅油气管道有很强的比较优势：一是石油、天然气双线并行。设计年输油量1500万吨的我国东北部的中俄原油管道只是原油单线，年输气量300亿立方的西北部中亚天然气管道也是天然气单线。二是与中俄原油管道的年输油量相比较，中缅石油管线每年多输油500万吨，为国内同类管线之最。

（二）政治战略意义

中缅油气管道项目的建设将为缅甸带来可观的经济效益，改善缅甸国内的基础设施，促进缅甸的经济社会发展，有利于进一步巩固和发展中缅两国的友谊，为中国构建进入印度洋的战略通道奠定基础。

（三）对云南经济发展的意义

2010年云南省境外投资按行业计算集中于亚洲，在缅甸的协议投资额同比增长4143.9%，占总投资额的93.71%。中缅油气建设项目是背后主要动因（表8）。

中缅油气管道的开工，对推动云南的桥头堡建设实施和促进经济社会发展也具有重大和深远的意义。目前西南地区是全国石油化工产业较为落后的地区，由于原油炼制能力不足，石化深加工产业也十分落后，纺织、建材等与石化产品密切相关的其他制造业也不发达。而云南省的石油化工产业几乎是空白。中缅油气管道项目及相关项目预计将给云南带来约800亿元的投资。云南将利用中缅油气管道，遵循"宜油则油，宜烯则烯，宜芳则芳"的原则，至2020年将形成年产2000万吨炼油和100万吨乙

烯炼化一体化生产体系，成为年产值逾2000亿元的国家级石油化工生产基地。这将极大地改变我国西南地区石油石化产品供应格局。云南炼化基地的建成也标志着西南地区告别无石油炼化基地的历史，有利于国家优化炼油布局，解决炼油厂过于集中在东部沿海和炼运失衡的问题。中缅油气建设项目还有利于云南省国有企业转型升级，如云天化参股中缅石油管道项目，借此发展下游石化加工项目。

五、面临的主要挑战与应对措施

（一）缅甸国内政局的不确定性

缅甸国内政局的不确定性是该项目的最大挑战。多年来，缅甸军政府一直与诺贝尔奖得主、缅甸全国民主联盟领导人昂山素季严重对立，因此受到西方国家的制裁。缅甸的政治民主化仍然有很长的路要走，与少数派"民地武"等武装派别的民族和解步履维艰。2011年3月缅甸新政府成立之后，在政治领域进行了一系列的改革，国内政治气氛比过去放松很多，因此，部分缅甸国内环保组织、人权机构和激进的民运人士对管道修建颇有微词，不少缅甸人也开始指责政府从出口天然气获得的收入并没有用于改善民生，并且担心这些项目可能引发对生态环境的破坏。缅甸流亡在孟加拉国和印度等国的流亡人士高调宣称，管道将经过缅甸许多村庄和农田，必将引发国内房屋强制拆迁和环境灾难，并造成人道主义危机。他们认为，缅甸本身面临大范围能源短缺，大规模的能源

2010年云南省境外投资统计（单位：万美元）　　　　表8

	项目	新批境外投资企业	协议投资额	上年同期数	同比增长%
	合计	49	818992.09	49917.55	1540.7
（一）	亚洲	40	807491.45	48499.98	1564.9
	缅甸	5	767475.04	18084	4143.9
	其他	35	40016.41	30415.98	4059.1
（二）	非洲	1	500	2.77	17950.5
（三）	其他	8	11000.64	1414.8	677.5

N

出口只会加剧社会动荡。2012年1月27日缅甸能源部长丹泰（Than Htay）表示，2013年后缅甸新天然气项目的生产将主要用于国内消费，以推动本国经济发展。

可见资源民族主义抬头和缅甸政局的变化阻碍了项目进展。缅甸政府搁置伊洛瓦底江密松水电站项目便是政局对变化对项目推进造成很大影响的典型例子。中国企业在缅甸少数民族控制地区进行投资时，很难避开缅甸政府与地方民族武装的利益矛盾。2006年以来，克钦当地民族组织不断以生态危机和宗教信仰危机为由要求停建水电站。

（二）"中国威胁论"与周边国家的竞争

"中国威胁论"在日本、印度、东南亚等国仍有市场。泰国和印度是缅甸油气供应国，中国修建通往云南的油气管线已引起了两国的忧虑和恐慌，担心其能源安全受到威胁，其他相关国家也担心不能从缅甸丰富的油气资源中得到好处。以印度为例，缅甸近海发现大量油气资源以后，印度与缅甸的关系开始升温，印度主动向缅甸示好，试图抵消中国影响力。缅甸政府搁置伊洛瓦底江密松水电站项目后，印度政府加大了与缅甸政府各领域的合作力度。

美国的身影也从未离开过这一地区。为实施美国的"重返亚洲"政策和"太平洋世纪"战略目标，希拉里访问缅甸时向缅甸政府提供了120万美元的援助。日美希望借参与缅甸港口和主干道等基础设施项目的建设来牵制中国。随着与西方国家关系僵局的打破，缅甸在对华能源合作方面将越来越考虑西方的立场，并且在中国、印度、泰国等国之间追求平衡。

（三）中方应对措施

中国企业在投资缅甸油气市场的过程中，以前重视和缅甸政府的协调和沟通，对于和项目所在地民众的关系则重视不够。有些中资企业的员工不太懂得缅甸的风俗习惯和文化心理，处理问题的方式往往不被当地百姓所理解和接受，个别地方的征地补偿和青苗损害赔偿不及时。因此，在缅甸曾发生了多起与中缅油气管道建设有关的纠纷。

针对这些情况，中国企业进行了调整，采取了一定的弥补措施，主要有以下几个方面：

1、中缅油气管道油气站聘用缅籍员工

在缅甸全国范围内招聘职员，如为油气操作站招聘了50名管理员，管道巡逻10名。同时为缅甸青年工程师提供应聘申请的服务。中缅油气管道项目开工建设以来，聘用缅籍员工2505人，占参建人员总量的50%以上，并为当地员工建立了社会保险。

2、重视中缅油气管道建设土地补偿工作

坚持"村民自愿"、"尽可能少占用耕地"和"不补偿不施工"三大原则，并将土地补偿款直接发放到每一户村民手中。不发生强征、强拆现象。

3、援建医疗和教育设施

2011年4月，公司与缅甸能源部签订了对缅援建合作意向书。根据合作意向书，公司将分期按需向缅方提供600万美元，用于开展管道沿线社区医疗卫生和教育事业相关公益项目，并负责援建和改造项目的方案设计、设备采购、工程建设、人员培训等，项目执行过程中将尽可能多地为当地提供就业机会。

公司在中缅油气管道沿线首批援建的8所学校，包括6所小学和2所中学已进入具体实施阶段，将于2012年缅甸新学年开学前完工。12月18日，公司又与缅甸卫生部签署协议，将对缅甸卫生部19所医疗分站进行援助，其中，若开邦7所、马圭省1所、曼德勒省6所、掸邦5所，有助于改善管道沿线社区的医疗卫生环境。

4、环境保护

坚持"绿色管道、环保工程"施工理念，编制发布了《环境监理规划》、《环境监理管理规范》和《环境监理实施细则》。充分发挥

监理的监督管理作用，对油气管道全线施工过程中的环境保护进行监督检查，重点加强对施工现场环境敏感区域的监督控制，确保 HSE 管理体系有效运行。同时，要求承包商编制在环境保护敏感区域施工专项控制方案，经环境监理项目部审核批准后方可实施。

六、总结与启示

多元化的石油运输线路有利于分散石油供应风险，对维护中国石油安全具有重要意义。中缅油气管道建设降低从中东、北非的进口所必须通过马六甲海峡的海上风险，这对于现阶段海权能力有待提高的中国石油运输意义重大。而开辟多元化的石油运输线路要求中国石油企业加快走出去的步伐，由此产生的政治风险不容忽视。

跨国公司在跨国经营中面临的政治风险通常是与东道国政府或第三方如民族主义或恐怖主义的博弈。相对于政治力量的集中和强硬，跨国公司代表的市场力量具有分散和软性的特点。因此，跨国公司总是处于劣势的状态。当跨国公司的经营与东道国的国家利益目标不一致时，东道国就会动用外贸、财政、国际收支与汇率、经济保护主义等政策，甚至不惜对法律法规进行更改，以限制跨国公司的经营。由于资源交易带来的巨额利润往往流向特权阶层手中，这就刺激了东道国企图分配新财富的革命派和极端分子们的不满情绪。作为经营石油这样的极其重要的商品的石油跨国公司，其政治风险往往还会扩大到多边矛盾的对峙中。

面对石油跨国投资政治风险的严峻挑战，中国石油企业首先要做的就是加强政治风险的评估。客观的风险评估首先是从宏观方面对东道国政府目前的能力、政治风险的类别及稳定程度进行调查分析。评估的重点是政府对外国公司的政策；以往的政府类型、党派结构和各政派的政治势力及其政治观念、政策的历史走向和政策形成的程序、有可能取代现执政者而代之的政治势力，以及东道国政府与我国政府关系亲疏程度。建立在宏观评价之上的微观政治风险分析也相当重要，判定政治不稳定性与实际投资项目或企业的关联度才能保证评估的有效性。

应对政治风险一种做法是将风险或投资实体进行联合风险投资，以便获得更多的资金支持并在风险暴露时分散和减少损失。另一种做法是石油公司同主权国家的政府或企业合资进行风险投资，通过合资避免主权国家采取不利于合资企业发展的政策。还有一种有效手段是实行政治风险保险。中缅油气项目同时采取了第一和第二种进行风险分散。同时应开展双边和多边能源外交，与东道国在政治经济、法律商务等方面进行协调，加强双边和多边合作，建立互惠互利关系，以创造良好工作环境与合作气氛。

企业应积极承担起社会责任，帮助东道国开展技术、管理、人才等方面的培训，为所在国带来就业等切实利益，实施海外油气投资开发项目的生产经营人员"本土化"战略，从而保持与东道国友好和长久的合作关系。应该主动与地方武装派别、宗教团体、民间组织等沟通联系，听取、解决他们的合理要求，重点做好移民的生活和生产安排，减少对抗和摩擦，在努力维护当地民族利益的同时，在教育、文化、卫生、宗教及商业和生产方面进行长期援助。

总之，中国不能再急于求成，要耐心细致地做好各方面的工作，制定好整体发展计划，实现与东道国的共同发展、共同繁荣。⑥

参考文献

[1] 国家统计局.中国统计年鉴（2011 年）.北京: 中统计出版社,2011.

[2] IEA. World Energy Outlook 2012

[3] BP.Statistical Review of World Energy 2012,6-18

[4] CEG. CEG brochure.May19.2010

[5] 夏剑锋．论中缅油气管道与中国石油安全 [J]. 云南民族大学学报 (哲学社会科学版),2012(02):110-114.

[6] 舒先林 , 李代福 . 中国石油安全与企业跨国经营 [J]. 世界经济与政治论坛 , 2004(05): 74-79.

[7] 舒先林 . 中国石油企业海外投资风险及其规避 [J]. 企业经济 , 2005(06): 104-105.

[8] 汪海 . 构建避开霍尔木兹海峡的国际通道——中国与海湾油气安全连接战略 [J]. 世界经济与政治 , 2006(01): 7-8+50-56.

[9] 王晓梅 . 中亚石油合作与中国能源安全战略 [J]. 国际经济合作 , 2008(06): 43-48.

[10] 毛志刚 . 浅论我国石油运输渠道及安全防范 [J]. 经营管理者 , 2011(10): 209+212.

[11] 薛力 . "马六甲困境"内涵辨析与中国的应对 [J].

世界经济与政治 ,2010(10):117-140+159-160.

[12] 史忠良 , 丁梁 . 经济全球化条件下的中国石油安全问题 [J]. 当代财经 ,2002(04):45-50.

[13] 童生 , 成金华 , 郑馨 . 中国石油安全态势与油企海外投资的政治风险 [J]. 经济体制改革 ,2005(02):31-34.

[14] 刘庆成 . 中国石油安全现状及未来对策分析 [J]. 宏观经济管理 ,2004(07):25-27.

[15] 查道炯 . 相互依赖与中国的石油供应安全 [J]. 世界经济与政治 ,2005(06):15-21+4.

[16] 崔新健 . 中国石油安全的战略抉择分析 [J]. 财经研究 ,2004(05):130-137.

[17] 丁锋 , 袁际华 , 景东升 . 我国油气进口新格局 [J]. 中国矿业 ,2010(11):1-3+6.

[18] 陈茵 . 中缅油气合作 : 进展、动因、挑战与前景 [J]. 思想战线 ,2012(02):135-136.

（上接第96页）重建，而应该在原有的基础上，根据城市的历史和文化，设计符合环境的新建筑，与原有建筑交相呼应，形成和谐的城市建筑环境。我们不希望看见千楼一面、千街一面甚至千城一面的情况，我们需要生活在有记忆、有历史、有情感的城市之中，而这样的城市需要和谐的城市建筑。

（三）加强自主创新，开发有中国特色、符合时代地域要求的建筑精品

被学术界称为"没文化的鬼才"的安藤忠雄并未受过高等教育，仅凭游历的经验和自学成为了一代建筑大师。他通过对建筑本质的探索开拓出了一套属于自己的建筑理念。中国的建筑设计师也应该学习安藤的这种创新精神，不唯书，不唯师，不唯西，自主创新，真正成为建筑的创造者而不是复制者。中国的建筑设计师还应该在设计过程中充分考虑中国的实际情况，时代的要求，大众的审美等，设计出真正被人民接受的作品，而不是追求那些华而不实，高大奇异的建筑。最后，中国的建筑设计师需要认清建筑的本质，树立正确的审美观，培养良好的职业道德，开发有中国特色、符合时代地域要求的建筑精品。⑤

参考文献

[1] 中国建筑设计行业年度发展研究报告 (2010-2011). 建筑设计管理，2012.

[2] 蔡晓玮 . 安藤忠雄 : 改建是让建筑重生 . 东方早报，2012.

[3] 李双 . 从住吉的长屋看安藤忠雄的建筑设计美学观 . 企业导报，2012.

[4] 安藤忠雄著，龙国英译 . 建筑家安藤忠雄。北京：中信出版社，2011.

[5] 阎波 . 中国建筑师与地域建筑创作研究 . 重庆大学，2011.

[6] 李晖 . 浅析安藤忠雄的设计思想 . 美与时代 (下半月)，2009.

光伏"惨业"过山车现象

—— 机遇还是困境?

郑休休

(对外经贸大学国际经贸学院 ,北京 100009)

一、引言

曾几何时，主要由高纯度多晶硅提炼技术支持下的光伏产业是中国可再生能源计划中一颗璀璨的明星行业，然而自 2008 年全球金融危机以来，光伏产业可谓饱尝辛酸，尤其是 2011 年以来，上游市场国际多晶硅价格一落千丈。根据 NPD Solarbuzz 2012 年第三季度多晶硅及硅片供应链季度报告：2012 年光伏用多晶硅的平均价格预计将比 2011 年下降 52%，而工厂利用率将从 2011 年的 77% 下降至 63%；下游市场由于欧债危机影响，各国纷纷削减补贴，光伏需求萎缩。今年 9 月，欧盟对中国太阳能产品发起反补贴诉讼。10 月，美国提高了对中国出口光伏的反补贴关税。

光伏产业过山车式的现象究竟缘何而起？这大起大落的现象是否合理？现今的光伏"寒冬"是困境还是机遇？是拦路虎还是垫脚石？

2007 年 9 月国家发改委发布了一项发展风力、太阳能和生物燃油的规划——《可再生能源中长期发展规划》，提出战略目标：(1) 加快可再生能源开发利用，提高可再生能源在能源结构中的比重；解决农村无电人口用电问题；提高可再生能源技术研发能力和产业化水平；(2) 提出到 2010 年基本实现以国内制造设备为

主的装备能力，可再生能源在能源消费中的比重达到 10%，其中光伏 30 万 kW；(3) 到 2020 年形成以自有知识产权为主的国内可再生能源装备能力，可再生能源消费量占能源消费总量 15%，其中光伏 180 万 kW。

在政府的支持下，很多地方形成了太阳能电池板投资一哄而上、重复引进和重复建设的现象，产业发展由过快逐步发展到过热。而且上市公司一旦与"新兴产业"挂钩，融资的难度就大大下降。据分析，对于有一定规模的企业来说，其在资本市场上的融资可能超过企业十年的利润。技术方面，由于中国集中的太阳能电池板制造业技术门槛较低，规模扩张简单而容易复制，"暴利效应"使得社会资金加倍地向这些部门流入，最终使这些行业产能过度扩张。目前，仅浙江就有 200 多家从事光伏产品制造的企业，其中一大半是 2007 年之后进入的。

但光伏"惨业"的根本原因是经济增长方式不合理。如果经济增长过度依赖于政府直接推动，而非企业紧跟科技变革自主创新控制核心技术与关键原料，短暂拔地而起的繁荣景象终究无法持久。

由于目前多晶硅已从 2008 年的 500 美元 / 公斤跌至近 20 美元 / 公斤，光伏企业库存激增，经营性现金流锐减，正面临资金链条紧绷甚至断

裂的风险。据报道，2012年一季度，包括江西赛维、尚德电力、英利在内的10家境外上市光伏企业全部亏损，合计亏损高达6.12亿美元。然而，地方政府阻碍了光伏产业的"优胜劣汰"。由于不愿意自己支持的光伏企业倒掉，某些地方政府动用财政资金为光伏企业提供支持，引发众议。

这次光伏产业的"寒冬"势必带来产业内的大整合，只有具有控制成本及领先科技优势的企业才能突出重围，甚至抓住这次减缩成本的机遇革新技术，走上高端太阳能产品生产环节的新道路。而整个光伏产业在倒逼机制下有助于优化和平衡产业链，提升各个环节的生产效率和生产质量。因此，现阶段的暂时"饱和"的光伏产业"跳水现状"也并非一件完全的坏事。

现实生活中，即使最发达的国家，由于信息的不对称性或不完全性，价格存在一定的刚性，这使供需双方不可能瞬息达到数量上的均衡。根据过剩经济学中主要的驳论——"非瓦尔拉斯均衡"，在市场价格机制并不能短时间内发挥出清市场的作用的情况下，各经济力量将会根据各自的具体状况调整到彼此适应的位置上，此时供求未必相等，但却出现相对稳定的趋势。因此，当市场上供给与需求出现缺口时，这样的"非均衡"并不一定是"不均衡"，而恰恰可能是一种均衡状态的体现。因此光伏产业作为新兴能源产业在其发展初期存在一定过剩，一定程度也是因为市场竞争和市场机制本身在起作用的结果。我们可以从下面这几个方面来理解。

二、我们面临的是买方市场，而非过剩经济

买方市场是市场经济的常态。由于西班牙、意大利、德国和英国等一些主要市场由于实施财政紧缩计划、相继削减太阳能发电补贴之际，中国新增产能开始投产。全球光伏产能需求约30-50GW，产能则超过了80GW，供过于求导

致价格下降。而且这一产业的需求80%在国外，80%的产能在中国，这说明中国光伏产业的发展很大程度上依赖于国际市场的持续需求。而且，太阳能是人类目前已知的能满足人类清洁、可持续能源需求的最佳选择。地球每天接收的太阳能相当于全球一年所消耗总能量的200倍，如此巨大的能量是风能、水能都无法匹敌的。因此，对太阳能产品的需求势必上升，供需关系在相关技术进步以满足人们日益增长的需求质量水平的前提下必将缓和。

三、我们面临的是相对过剩，而非绝对过剩

根据马克思主义政治经济学，生产相对过剩是由于生产结构不合理或者价格等因素造成的，而消费者的相应需求并未被满足。从长远看，节能环保的新能源和替代能源发展是必然趋势。在中国国内市场，尤其是广大偏远西部农村地区对太阳能电力的需求潜力巨大，且正以指数级迅速发展。由于在一个小型定居点建设太阳能电站的成本远远小于建立火力发电站或铺设供电线路，太阳能面板正为中国最偏远的村庄带去能源。

中国政府的补贴和对使用自然清洁能源的支持更推动了这一趋势。2012年第二季度，中国太阳能光伏市场的需求增长率已超过300%，至600兆瓦，主要得益于获中国政府批准的支持国内促进光伏发电产业技术进步和规模化发展的金太阳光伏项目（Golden Sun PV project）。通过增加国内太阳能电池板的装机容量，中国政府一直在努力吸收太阳能电池板的部分过剩产能。今年，中国将2015年的太阳能电池板装机容量目标提高到21吉瓦，是中国2010年装机总容量的25倍。

阳光越充足的地方太阳能面板的发电效率越高。我国光照条件、光伏资源比德国等世界上绝大多数光伏大国要好得多、也丰富得

多，单位面积太阳能输出几乎是德国的150%~200%，我国有充分的条件和理由加快发展太阳能光伏产业。

四、中国面临的是结构性过剩

中国是世界最大的太阳能电池板生产国，但产品主要用于出口，产品重要设备和生产原料——多晶硅主要依赖于进口，九成以上的产品靠国际市场销售，国内应用不3%，自身消化能力薄弱。另一方面，光伏产业链的发展很不均衡：主要集中在低水平的加工领域，在电池、组件方面产业化很高，而逆变器等做得比较少，产业化程度很低。因此，与其抨击低端制造链上的"产能过剩"，不如集中力量鼓励和支持发展光伏产业高端价值链上的创新型技术。例如光伏产业上游的高纯度多晶硅提炼技术。如今，我国一些先进的企业和先进的生产线几乎可与欧美等发达国家相比拼。总部设于西宁的亚洲硅业就是其中之一。CEO王体虎表示，掌握高新技术能在保证多晶硅99.9999%（业界俗称"六个九"）的前提下大大降低生产成本，以促进太阳能发电技术的革新和应用。

五、结语

实现太阳能产业的优化升级，还不能忽视

太阳能产业在国内存在着严重的污染问题。尽管美国《科学》杂志报道，研究人员通过跟踪13个太阳能电池制造厂家和4种不同类型的光电电池制造厂家排放的空气污染物，与石油、煤炭和天然气产生的电能相比，太阳能电池对环境的污染要少89%。但是技术不达标、管理不规范太阳能产品的制造仍会对环境产生严重污染。从整个产业链看：上游多晶硅生产过程会产生大量有毒物质；下游产品光伏发电系统应用后，蓄电池等废弃物对环境也有很强的破坏性。再加上民众对光伏污染的防范意识不强，在青海等家庭光伏系统覆盖率高的地区，光伏废弃物污染情况日益凸显。

因此在规范光伏产业发展过程中，还应建设废气污染回收治理制度，并鼓励发展相应绿色环保新技术，注重创造一个良好的企业发展的生态系统，最大程度做到资源节约与环境友好，实现可持续生产。

总之，无论是太阳能、风力或是水力发电，中国对清洁能源的投入都居世界之首。这些项目是否成功，对全球可再生能源格局具有重要意义。太阳能产业作为清洁能源产业中的一个亮点，反映了中国制造业向产业链高端爬升的进程，征程坎坷，却是中国在高新技术产业崛起的一个缩影。⑥

（上接第74页）品的质量，能有效改善目前砂石质量失控的现状。

6、大力发展人造骨料

由于天然砂石受土地、防洪、环保等越来越多的制约和限制，资源会越来越少，机制砂石必将成为建设用砂石的主要来源，并以工业产业化的规模快速、大规模的发展，产用量逐年上升，刚性市场大量的需求，促使各地将积极整合原有资源和产业，砂石行业"十二五"规划中提到建立规模100万t以上的机制砂生

产企业，机制砂将是砂石行业的发展新方向。

总之，目前国内砂石行业的现状造成了对环境的破坏，导致了砂石质量的失控，影响到了建筑物的使用寿命。砂石行业必须改变目前的发展状况，从国家到地方各级主管部门，从生产企业到用户都要关注砂石行业的发展，促进行业整体产品质量水平的提高，规范行业的管理，节能降耗，低碳生产，保护环境，遵循可持续发展的理念，促进社会和谐发展。同时也符合"十八大"报告中提出的建设"美丽中国"号召。⑥

透视建筑钢构业的商业模式

徐重良

（中建钢构有限公司，北京 100037）

摘 要：说到商业模式，人们自然会想起当代西方管理学大师德鲁克的那句名言：当今企业之间的竞争，不是产品之间的竞争，而是商业模式之间的竞争。一旦用"商业模式"的思维来看待生意，就看谁能创造全新的"利益相关者的交易结构"，谁就更容易成功。这就是"商业模式"在这个时代最独特的魅力。企业是有生命周期的，在其中的某一阶段，最有可能毁灭一个企业，也最有可能成就一个企业。其差别就在于，是否进行了商业模式的思索和优化。企业家应当成为商业模式总架构师，不断根据商业环境变化，探索或重构适合于企业持久发展的商业模式。

关键字：商业模式；重构；钢构业；企业

一、商业模式的内涵

企业会长生不老？这可能吗？2009 年 6 月 1 日，成立于 1908 年曾雄踞全球最大汽车制造商地位长达 77 年，数十年位居《财富》销售收入 500 强榜首的美国"百年老店"通用汽车公司，因严重的资不抵债最终宣布破产保护。全球企业领袖比尔·盖茨的观点：通用汽车的商业模式，已经不为投资者和消费者所接受。也可以说，商业模式的科学与否，决定了企业的成败兴亡。

1、商业模式的定义

商业模式就是构建企业与其利益相关者的交易结构。商业模式为企业的各种利益相关者，如供应商、顾客、其他合作伙伴、企业内的部门和员工等提供了一个将各方交易活动相互联结的纽带。

商业模式就是连接顾客价值与企业价值的桥梁。一个好的商业模式最终总是能够体现为获得资本和产品市场认同的独特企业价值。

商业模式就是企业战略的战略。可以帮助我们更正确、更有效地了解企业营利的结构、交易的模式，从而改进、重建商业模式，能为企业创造更大的价值和更多的利润。

好的商业模式可以举重若轻，化简为繁，在赢得顾客、吸引投资者和创造利润等方面形成良性循环，使企业经营达到事半功倍的效果。

2、商业模式的时代来临

商业模式是近年来管理学科的热点研究课题之一，受到学术界和企业界广泛关注。

"春江水暖鸭先知"，国内一些引领行业发展潮流几十年的优秀企业，如海尔、美的、华为等，早就察觉到商业环境的巨大变化和重构商业模式的迫切性。实际上商业模式是不分行业的，同个商业模式可以应用于不同行业；

同一行业存在不同的商业模式。普通的商业模式容易复制，但创新的、好的商业模式不太容易复制，因为没有配套的资源和环境。

近年来，随着国家调整产业结构、基础建设投资的持续增加，钢构行业迅速成长。钢构业身处于完全市场竞争环境中，行业的竞争态势、发展规律和创新机遇都发生着日新月异的变化，这就促使我们需要不断地开拓新的业务领域、发展新的业务体系、更加充分而又灵活地经营自身及社会资源。

关于钢构业商业模式的重构研究，是基于对行业发展趋势和企业运作特点的深度透视，旨在通过商业模式的重构，激发企业新的增长动力，逐步强化其行业组织者地位，实现企业价值的最大化。

二、建筑钢结构的发展趋势

人类建筑形式经历了从泥石洞穴、草木茅棚、砖瓦平房、钢筋混凝土楼房，到今天的钢结构摩天大楼的变化过程，这一变化过程体现了建筑业的发展方向。

1、钢结构的发展路径

钢结构工业发展浪潮是从英国开始的。以 1889 年埃菲尔铁塔为标志，现代钢结构已有 120 年历史。世界钢结构的发展同工业化进程一样，沿着一条从欧洲到北美、再到东亚的发展途径演进。1953 年在美国开始苗壮成长，1975 年达到了最高峰。1970 年至 1996 年间，日韩及中国台湾地区成为继美国之后的新兴钢结构产区。

中国钢铁产量在 1996 年超越美国、日本，成为世界新兴钢铁大国，钢结构行业也随之兴起，随着中国经济力量的崛起，国际钢结构产业发展重心已转到中国。

2、钢结构是绿色朝阳的产业

"强度高，抗震好"。支撑现代建筑的结构材料仍然是混凝土与钢，从结构性能角度讲，钢结构有强度高、自重轻的优点。其建筑强度可抵抗每秒 70 米的飓风，可以在烈度为 8 度以上的地震中屹立不倒，托着人们对生命的尊重。

"工业化高，施工周期短"。钢结构打破了传统的建筑施工方法，采用工厂制作、现场安装的生产方式，提高了建筑的机械化和工业化水平，最大限度地降低现场工作强度，大量减少了现场劳动力的投入，缩短项目的施工周期，展示了钢结构工程质量、速度、效率的优越性。

"绿色又环保"。钢结构具有施工现场噪声小，还可实现钢结构建筑物拆卸后回炉再生，建筑垃圾仅为钢筋混凝土结构的 25%，水源污染少，使得钢构工程与环境和谐，实现绿色环保，满足了人类守护环境和生态的愿望。

3、建筑钢结构在中国蓬勃发展

建筑钢结构是建筑行业新的发展方向，在业界被誉为"第四次建筑产业革命"。住房和城乡建设部颁发了《建筑业发展"十二五"规划》，把发展钢结构作为建筑业推进"资源节约型社会"建设贡献率的一项指标。

随着我国城市化进程的加快，国民经济稳定快速增长，尽管钢结构行业在国内属于新兴行业，但是由于钢结构自身具有广泛的优良特性及在各个领域的适用性，并在国家产业政策的指导和支持下，钢结构行业得到了广泛重视并迅速发

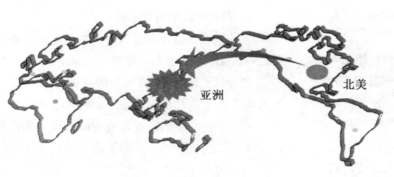

亚洲

北美

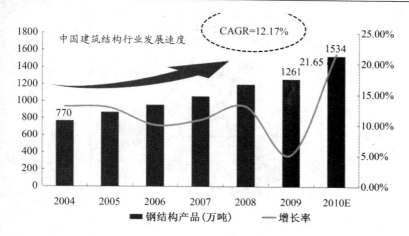

在新的商业环境中，企业家应成为商业模式总架构师，洞察企业本质，不断根据商业环境的变化，优化或重构商业模式，再造高效成长机制，包括：重新定位满足顾客需求的方式，发现新的成长机会；重新确定企业的业务活动边界，界定利益相关者及其合约内容；重新设计收益来源和盈利方式，转变成本形态，调整成本结构，培育新的持续盈利能力。

企业的生命周期可分为六个阶段：起步阶段，规模收益递增阶段，规模收益递减阶段，并购整合阶段，垄断收益递增阶段，垄断收益递减阶段。

起步阶段，企业最要紧是求生存，其次才是发展。该阶段企业的主要任务是发现商机，构想并试验商业模式。

规模收益递增阶段，需求快速增长，供给增加，但由于供给响应需要时间，供不应求，因此保持销售和资金流的均衡发展至关重要。

展。在过去几年里，国内钢结构产量也呈现逐步上升的态势，钢结构在重大工程、标志性工程、超高层建筑、工业厂房、市政设施、体育场馆、展览会馆、铁路公路桥梁、电厂及众多公共设施建筑中得到广泛应用。它已逐步从工业化的专用体系走向大规模的通用体系，即发展以专业化、社会化生产和商品化供应为基本方向的建筑产业现代化模式，其依托的就是钢结构。

三、重构钢结构业的商业模式

1、重构的契机

同生物一样，企业的发展也有一个生命周期。不同的是，在一定发展阶段，企业可以通过重构商业模式返老还童，摆脱原生命周期而进入一个新的循环。如果企业抓住商业模式重构的每次契机，就有可能实现真正的长生不老。

比如，IBM 创立至今已有超过 100 年的历史，其主要业务从制表机到大型机、PC 再到硬件集成、软件集成和知识集成，商业模式也一直在变化。虽然从 1924 年开始，IBM 这个名字就再也没改过，但是 IBM 的内涵时刻在发生变化着。

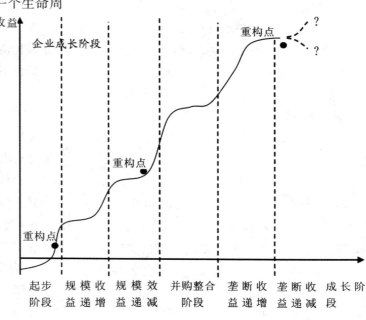

规模收益递减阶段，规模效益递增阶段后期，由于市场前景看好，大量竞争对手跟随进入，整个市场产能爆发式增长。同时，市场的增量需求开始萎缩。某个时间点上，供给增长超过需求增长，市场出现拐点，利润率下降。企业步入规模效益递减阶段，这是优秀企业与一般企业分化的关键阶段。大多数企业走到这个阶段，资产规模和负债显著增加，固定成本开始递增，而利润率、投入资本收益率下降，规模收益递减，其中很多企业容易因竞争加剧和商业环境的变化而陷入经营和财务双重困境。

并购整合阶段，人弃我取，低谷往往蕴含着新生的希望。规模化第二阶段末期，行业普遍低潮，绝大多数企业陷入困境，很多企业都愿意折价退出竞争战场，优秀企业可以利用资源优势，趁机收购有价值的资源，包括骨干人员、研究研发等，正是优秀企业并购整合的最佳时机。

垄断收益递增阶段，后并购整合时代，行业的小鱼小虾们，或破产自动退出历史舞台，或被并购成为大企业的附庸，行业里往往只剩下屈指可数的几家领头企业，企业进入垄断收益递增阶段，享受着并购整合后的协同红利，领行业风光数年。

垄断收益递减阶段，当垄断竞争到一定程度，行业又重新进入普遍收益递减的过程。具体表现为：企业资产规模、人员庞大、管理复杂、加上管制和规范要求，刚性成本上升，原来的产品线和业务进入成熟阶段，缺乏增长机会，替代产品或者更低成本的企业出现。此时，有些企业开始寻求不相关的多元化，挖掘其他行业的增长机会，成败参半。

在企业成长的六个阶段中，重构商业模式

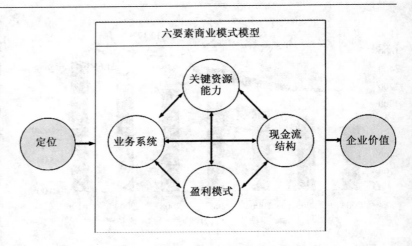

的契机主要有三个：起步阶段、规模收益递减阶段、垄断收益递减阶段。抓住这三个重构契机，企业就可能走出新路，从而摆脱企业生命周期，历久恒强。

2. 重构的内容

不管企业选择在那个阶段重构商业模式，都需要慎重考虑从哪些方面开始重构。一个完整的商业模式包括六个要素，分别为：定位、业务系统、盈利模式、关键资源能力、现金流结构和企业价值。

2.1 定位

定位是企业为客户提供产品和服务的方式，企业选择什么样的方式与客户交易，决定因素是价值空间与交易成本，寻求二者的差值即价值创造最大化，是企业选择哪种定位的动因。

定位是要回答企业做什么？目标客户是谁？提供什么服务？钢结构公司强大的工程安装能力和项目资源是带动企业在行业全面拓展、为客户提供全面服务的基础保障。公司目前商业模式定位为：成为全球多元化钢结构产品制作、安装服务提供商，以安装带动制造、设计、研发。

重构后公司商业模式定位为：全球钢结构产业组织者、全球钢结构一体化建筑商、全球多元化钢构产品提供商、全球钢结构高端服务提供商。为此公司需要能做到：一是提供钢构产业的组织管理平台：进而能够提供将产业链不完整的其他钢构产业组织到这个平台上。二是提供完善的钢结构建筑服务：提供设计、制造、安装、设计、检测的一体化服务，进而提高对客户的服务能力，并且降低各产业链衔接上的协同成本。三是提供多元化的钢结构产品：房建、桥梁、钢构住宅、海洋工程等。四是聚焦高端服务：旨在通过品牌、质量、安全的高端服务，引领和标杆全球。

2.2 业务系统

业务系统是公司与不同利益相关者的交易结构，公司的业务系统以公司的关键资源能力为支撑，是将能力转化为公司效益的具体途径。从承包业务安装环节起步，正在实现从单一从事安装业务发展转型成为从事制作、安装、研发设计和检测业务的大型专业集团。

重构后业务系统进一步创新可能的方向：

一是加强海外业务拓展。国家鼓励企业走出去参与更加激烈的国际竞争，开拓更多的新兴市场。同时海外市场较国内的经营环境不同，随着公司研发技术的增强、制造业务渐显规模优势，走出去可以为公司升级转型提供更多的思路和选择。

二是区域战略竞争。基于建筑行业和宏观经济的相关性高，受政府政策的影响大。我国城市化水平低于国际上同等经济水平的国家，未来市场化发展会加速。公司现与东部沿海地区密集的钢构企业竞争激烈，同时增大中西部的投入，为企业再次寻找广阔的市场。

三是进军桥梁设备钢结构领域。在钢结构市场中，桥梁钢结构、设备钢结构基于其技术要求高、工艺难度大而具有较高的市场准入壁垒，具有较高的附加值。

四是建立配套的服务机构。检测公司、设备租赁商、劳务公司、设计院是为公司提供前端服务的利益相关者。

2.3. 盈利模式

当原有盈利模式不再有效时，企业管理者需要思考盈利的来源是否出现问题。对症下药，才能走上持续盈利的新路。

以利益相关者划分的收入结构、成本结构以及相应的收支方式。盈利模式指企业如何获得收入、分配成本、赚取利润。盈利模式是在给定业务系统中各价值链所有权和价值链结构已确定的前提下，企业利益相关者之间利益分配格局中企业利益的表现。良好的盈利模式不仅能够为企业带来利益，更能为企业编制一张稳定共赢的价值网。

当前公司的利润模式为"工程施工利润＋制造产品利润＋投资利润"，盈利模式相对单一，我们考虑能作为利润增长点的突破口。一是并购防火防腐涂料等企业，成立钢材贸易公司、钢结构产品售后维护公司；二是建立压型钢板、高强螺栓等钢结构配套产品线；三是打造专业物流运输公司，承接材料采购运输及陆路、水路构件运输；四是加快公司设备租赁中心建设，力争成为国内大型租赁公司；五是开展融资租赁，增强内外部资源的共享和支配；六是在外部"服务＋产品"利润扩展的同时，向内部管理要效益，提升精益化管理能力和协同效率。

2.4 关键资源能力

关键资源能力是支撑交易结构背后的资源和能力。业务系统决定了企业所要进行的活动，而要完成这些活动，企业需要掌握和使用一整套复杂的有形和无形资产、技术和能力，我们称之为"关键资源能力"。

关键资源能力是让业务系统运转所需要的重要的资源和能力。如何才能获取和建立这些资源和能力？不是所有的资源和能力都是同等珍贵，也不是每一种资源和能力都是企业所需要的，只有和定位、业务系统、盈利模式、现金流结构相契合、能互相强化的资源能力才是企业真正需要的。

重构后，建筑钢结构施工安装技术是公司的立身之本，建筑钢结构产品制造方面的投入和发展是公司新的增长极，公司设计和研发的投入是公司不断处于领先地位的保障。同时根据企业管理的原则，对公司的资源能力进行梳理，保证每个环节上能力的充实是公司构建关键资源的保障。

2.5　现金流结构

现金流结构是企业经营过程中产生的现金收入扣除现金投资后的状况，其贴现值反映了采用该商业模式的企业的投资价值。不同的现金流结构反映企业在定位、业务系统、关键资源能力以及盈利模式等方面的差异，体现企业商业模式的不同特征，并影响企业成长速度的快慢，决定企业投资价值的高低、企业投资价值递增速度以及受资本市场青睐程度。

现金流结构是可以设计的，在设计与客户交易的现金流结构时，企业应时刻关注不同现金流结构对自己资金压力的不同影响，并借助不同的金融工具化解现金流压力。

重构后，在现有的基础上，对外加强资本运作，对内强化资金集约使用。一是丰富投资结构：投资结构设计应注重投资主体、项目主体的选择以及期间的风险控制。投资结构决定融资途径，进而设计相应的融资途径。二是搭建融资平台：搭建多级融资平台，分摊投融资的压力及风险；扩充投资渠道，丰富资本运作平台；使用金融工具、利润对非权益类的设备融资租赁、供应链融资、信托、基金等；合资合作充分吸纳系统内及社会资源。三是集约资金使用：在资金归集的基础上，建立公司内的资金调配使用方案，通过内部交易的方式，根据战略的需要，将资金、收入、成本、利润进行分配。

2.6　企业价值

企业价值，即企业的投资价值，是企业预期未来可以产生的自由现金流的贴现值。如果说定位是商业模式的起点，那么企业的投资价值就是商业模式的归宿。企业的投资价值由其成长空间、成长能力、成长效率和成长速度决定。好的商业模式可以做到事半功倍，即投入产生效率高、效果好，包括投资少、运营成本低、收入的持续成长能力强。

企业的定位影响企业的成长空间，业务系统、关键资源能力影响企业的成长能力和效率，加上盈利模式，会影响企业的自由现金流结构，即影响企业的投资规模、运营成本支付和收益持续成本能力和速度，进而影响企业的投资价值以及企业价值实现的效率和速度。

钢结构公司在引领专业化的产业链条、引领专业化的业务模式、引领专业化的资本平台、引领钢结构行业文明、引领客户价值文明、引领员工幸福文明等方面，创造六大价值。企业最终要实现的企业价值是为社会、产业、客户和员工做出应有的贡献。

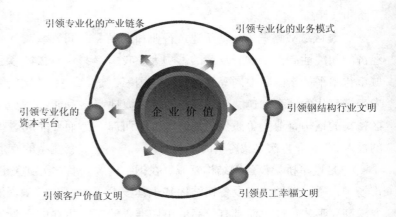

四、钢构业的商业模式的方向和趋势

商业模式重构的终极目标（下转第122页）

论建筑企业客户关系管理

王 昆

（中建五局上海公司，上海 200336）

摘 要：经济全球化及全球性的生产过剩导致竞争日益激烈，今天的市场已经成为客户主导的市场。"为客户多想一点，离成功就近一点"。企业已经越来越多的把注意力转向客户，转向围绕"获得和保持客户"的竞争力的打造。本文主要从客户关系管理的内涵和本质、客户关系管理的作用和功能、建筑企业进行客户关系管理过程中存在的问题、如何更好地建立客户关系。与业主客户建立良好的合作关系，越来越成为建筑企业进行市场攻坚开展营销工作的重中之重。建筑企业的市场营销人员应该更加注重客户关系的维护与管理，为企业发展打造良好的客户群体关系。

关键词：建筑企业；客户关系管理；CRM 系统

一、客户关系管理概述

客户关系管理 (Customer Relationship Management, CRM) 是一个不断加强与顾客交流，不断了解顾客需求，并不断对产品及服务进行改进和提高以满足顾客的需求的连续的过程。其内含是企业利用信息技术（IT）和互联网技术实现对客户的整合营销，是以客户为核心的企业营销的技术实现和管理实现。客户关系管理注重的是与客户的交流，企业的经营是以客户为中心，而不是传统的以产品或以市场为中心。为方便与客户的沟通，客户关系管理可以为客户提供多种交流的渠道。

在知识经济的发展中，知识、信息和智力劳动的投入将占主导地位，物质资本已退居次要地位，而且扮演主角的知识资本、构成知识产权的无形资产和人力资本又复归一体，使物质资本凝结着很高的知识含量。信息、生物工程、新材料等高技术产业使整个产业结构知识密集化。不仅如此，随着科学技术的不断发展，尤其是电子技术、电子商务的发展，具体到企业的内部，管理的信息化、自动化也成为其在市场立足、发展的重要趋势。传统模式以产品为竞争基础，企业更多地关注企业内部运作效率和质量的提高，并以此增强企业的竞争力。但是，随着竞争的日益激烈，以产品为中心的竞争优势正在逐步失去，而以客户为中心，倾听客户呼声和需求，对不断变化的客户需求迅速做出反应的能力成为企业成功的关键。当客户需求随着科技进步和经济发展而变化提高时，又成为企业创新的动力和方向。于是，先进的服务手段成为制胜的关键，企业与客户的关系状况决定了是否拥有客户。能否争夺到客户取决于客户对企业的信任程度，而客户对企业的信任程度则由他们在消费由企业所提供的产品和服务过程中所体验到的满意程度来决定。客户满意程度越高，企业竞争力越强，市场占有率就越大，企业盈利自然就越丰厚，可以说当今企业存亡的决定权实际上掌握在客户手中，客户资源是企业获胜最重要的条件之一。因此，企业必须与客户建立并保持良好关系，将企业的营销、销售和服务等环节进行整合，对客户进行全方位的服务和长期跟踪，以保持较高的市场占有率和客户忠诚度。企业的生存发展很大程度上取决于客户对企业的认可，客户资源是企业获胜最重要的条件之一。

就建筑行业及建筑市场而言，在客户关系管理上还存在与其他行业不同的特点。从宏观上看，建筑市场有五大特点：一是与人民群众生活息息相关；二是在国民经济当中的地位十分重要；三是发展十分的迅速；四是充分的市场竞争；五是高就业率。在这五大特点中，充分的市场竞争应一分为二地客观分析和认识。一方面它基本适应了国民经济快速发展的需要；另一方面随着市场经济的发展，一些问题也亟待加以分析研究和解决。

研究客户关系管理前，先明确建筑业的客户群体。建筑业的"客户"主要包括两类，一是相关产业客户，如材料供应商、技术支撑部门、设计咨询机构；二是企业产品或服务的最终用户，一般称为业主(也叫"甲方")，建筑企业客户管理以"甲方"管理为主要目标。不同的业主，对建筑业的要求不同，如政府部门最注重的是施工单位的实力、管理、质量等，对价格的考虑放在次要的地位；事业单位往往考虑只要能按要求完成任务即可，在选择施工单位时很注重与公司关系的疏密程度；一般公司注重施工单位的产品质量和价位、服务等方面，而房地产开发商一般把价格放在首位。台资、港资及海外工程客户则注重公司的业绩和品牌。

二、目前建筑企业客户管理主要存在的问题

不同所有制形式、不同行业、不同地域分布的客户有哪些特点？在营销、施工、决算的过程中需要提供哪些服务？注意哪些问题，相当多的建筑企业都没有进行过系统的总结，但这是客户关系管理的基础，制定出系统的分类、分析方法和管理程序，由业务部门分管，定期进行总结、补充完善。我国建筑企业数量多，管理水平参差不齐，总体而言，目前建筑企业客户管理主要存在以下几方面问题：

（一）虎头蛇尾

为争取客户，营销人员想方设法宣传企业、推销企业，但"客户就是上帝"只是营销人员的信条，企业其他人员并不关心生产或提供的服务是否能真正满足客户的需求。项目到手之后，营销人员不再介入建造，各部门也都从本部门的实际利益出发，就不可避免地存在本位主义和相互推诿的现象，这些都是不增值的环节，造成了经营过程运作成本居高不下。同时，使得营销人员费尽周折推销出去的企业实力和企业形象大打折扣，造成项目施工管理过程障碍，也失去了二次经营、三次经营的机会。这就是我们经常说的：现场支撑市场。但真正做到现场与市场的相辅相成确是十分困难的。

（二）重复劳动

项目信息分散在不同的领导、部门和业务人员的手中，经常是此人急需的情报或关系正掌握在其他同事手中，而此人还得为了企业的利益大费周折去掌握和挖掘。同样的工作，被不同的人重复着，对市场的了解也一次次"归零"重来。一方面是资源的闲置，一方面是大张旗鼓的重复劳动，缺乏沟通和统一调配。

（三）鹬蚌相争

目前绝大多数建筑企业实行多级管理层

次，公司下面设不同区域公司，区域公司下设分公司，分公司下再设分公司、办事处、派出机构，不同的公司、区域公司也这样一级又一级地往下设立机构，可谓子子孙孙无穷尽也，其目的是尽可能全面占有市场。这样不仅造成不同集团之间的残酷竞争，也时常出现集团内部、分公司内部、甚至办事处不同市场部门之间内部竞争，竞争固然是好事，但这种竞争实属不良竞争，一方面造成集团内部资源的浪费，另一方面在实际操作中时常出现集团内部不同单位之间相互诋毁、相互拆台的现场，损害的是整个集团的利益。反过来，如果把这些资源集中在一块，优势互补，最后利益共享，那样岂不是更好。

（四）分工过细

一个项目的跟踪，要经过合约、法律、技术、市场等若干部门、环节的处理，整个过程运作时间长、成本高。企业经营处于迟缓状态，在快速多变的市场环境中处境被动。企业往往精心构思自己的行为，使自己的目标凌驾于整个组织的目标之上。这种分散主义和利益分歧，或许能够实现局部利益的提高，却弱化了整个组织的功效。随着管理层次的增多，指挥路线的延长，信息传导与沟通的成本会急剧增加，就可能造成信息在传递过程中失真，也延误了时机。

三、必须根据不同客户关注的重点，有针对性地进行管理

客户的需求是建筑施工企业生存和发展的基础，能够赢得客户的青睐，也就赢得了市场。建筑企业面对的是组织市场，其产品的需求者主要是公司、机构和政府。由于建筑产品一次性投资量大，因而客户一次性购买量大，潜在客户难以预测，同时建筑市场上的客户数量相对于消费品市场上的消费者数量要少得多，其同行业内客户之间的相互影响也比较大。建筑施工企业必须根据不同客户关注的重点，有针对性地进行管理。

建筑企业提供给客户的是有形的建筑产品以及附加在建筑物上的服务，建筑业产品体量大、持续时间长，在合同谈判、合同履约的过程中，始终要与客户打交道，为客户提供服务，按合同约定满足客户需求。建设项目从项目跟踪到项目结束，工程款收回一般都要经历多年时间，建筑企业与客户要共同工作相当长的时间，所以相互之间的信任、合作是相当重要的。我国一些建筑企业有一流的市场营销能力、一流的项目施工能力，但是在满足客户需求、提高客户满意度、最终实现提高公司效益和竞争力方面做得还不够，尤其是具体到日常的工程款回收、拖欠款回收等工作，更需要搞好客户关系管理。

（一）管理能力存在结构性缺陷

国内外大建筑企业的项目管理多为总承包管理，业务范围涵盖工程建设的全过程，包括项目前期咨询、设计、采购、施工、工程总承包等，并设置与总承包功能相适应的组织机构。而我国的项目承包由于多数企业资质单一、融资渠道不畅、投资能力弱、企业间缺乏良好的合作关系等因素，项目运作多采用施工总承包的形式，承包模式单一，风险较为集中。建筑施工项目管理手段比较落后，无法及时掌握各个工程项目的成本费用发生及其盈亏状况，包括项目成本核算、收入核算和利润核算等数据模糊不清，不能实现工程管理中各个部门间数据的集成与共享，从而阻碍了业务处理的流程化规范，无法实现多项目数据的集中管理。建筑企业在人力资源管理方面满足于人事档案的记录与保管，不能从发挥员工最大价值的角度进行人力资源的开发与使用；企业客户管理也仅停留在简单记录客户资料、用户维修等基础工作层面；企业内部办公未能完全实现自动化、信息化，工作效率低下；企业在进行业绩分析

与评价时缺乏有效、快捷的工具，无法及时对企业经营状况进行客观、准确、科学的分析与评价。

（二）管理信息化是传统产业获得新生的必由之路

我国建筑企业能否在激烈的市场竞争中立于不败之地，关键在于企业能否为社会提供质量高、工期短、造价低的建筑产品。充分运用信息技术所带来的巨大生产力，提高自身的信息化应用水平和管理水平，应该作为提升建筑行业竞争力的重点，这也是优秀建筑企业发展过程中的实践总结。

管理信息化可以加速企业对客户的响应速度；帮助企业改善服务；提高企业的工作效率；有效地降低成本；规范企业的管理；帮助企业深入挖掘客户的需求；为企业的决策提供科学的支持等等。归根结底，企业实施CRM，笔者认为是为了提高企业的竞争力，对建筑业而言则旨在打造企业核心竞争力，正如海尔首席执行官张瑞敏先生所说"企业核心竞争力就是获取用户资源的能力。"企业实施CRM，使企业真正能够全面观察其外部的客户资源，并使企业的管理走向信息化、电子化，使企业能够更有效地获得、保留、服务和发展客户，提升企业的合同额，最终获得高质量的发展。核心竞争力是指支撑企业可持续性竞争的优势，开发独特产品、发展特有技术和创造独特营销手段的能力，是企业在特定经营环境中的竞争能力和竞争优势的合力，是企业多方面技能和企业运行机制的有机融合。进一步讲，核心竞争力是企业长期形成的、蕴涵于企业内质中的、企业独具的、支撑企业过去、现在和未来竞争优势，并使企业长时间内在竞争环境中能取得主动的核心能力。它不仅仅表现为企业拥有的关键技术、产品、设备、或者企业的特有运行机制，更为重要的是体现为上述技能与机制之间的有机融合。企业核心竞争力是处在核心地位的、

影响全局的竞争力。

四、CRM理论与应用的作用和意义

随着经济全球化进程的加快和信息技术的飞速发展，在更加复杂、激烈的竞争环境中，企业如何培育和提高核心竞争力，将成为企业发展的最关键问题。CRM理论与应用系统在企业中的实施，将最直接地体现在企业核心竞争力的建设方面，从而使企业的核心竞争力建设，从对短期性资源优化配置能力的关注，延伸到对长期性资源优化配置能力的努力上。这些作用主要体现在以下几方面：

（一）CRM帮助企业将建立核心竞争力的关注重心从过去的产品、生产转向客户

CRM系统的导入意在建立与客户的新关系，在打破简单的服务关系的同时，所建立起来的是以客户为中心的企业行为系统，客户价值便被放在企业关心的首位。CRM体系下，富有战略价值的核心竞争力在于能够在按客户意愿支付的价格的范围内为其提供尽可能多的效用，如设计的变更、材料的调整、工期的变化等，从客户利益出发，为客户带来长期性和关键性的利益。这种充分的客户价值，将不仅为企业创造长期的竞争主动权，也会为它创造超过平均利润水平的超值利润。

（二）企业通过CRM系统实施形成的统一的客户联系渠道和全面的客户服务能力，将成为企业核心竞争力的重要组成部分

企业细心了解客户的需求、专注于建立长期的客户关系，并通过在全企业内实施"以客户为中心"战略来强化这一关系，通过统一的客户联系渠道为客户提供比竞争对手更好的服务，这种基于客户关系和客户服务的核心竞争力因素，都将在市场和绩效中得到充分的体现。优质的服务可以促使客户将再次的需求提供给企业，企业整个业务也将在从每个客户的在此

需求中获益。

（三）充分利用客户资源

客户关系管理是一种全新的"营效观念"，客户作为一种宝贵的资源被纳入建筑企业的经营发展中。以前的经营理念中，客户资源几乎可以说是营销人员个人的信息，由个人进行长期的跟踪，与单位似乎没有多少联系，缺乏品牌的吸引力，这样既费钱又费力，加大了经营成本，效率也比较低下。而且一旦营销人员出现变数，或走失，或调动，这部分客源也就因此而流失。客户关系管理提供了对历史信息的回溯，对未来的趋势的预测，真正实现了企业和客户的互动。

（四）"利益互动"

推行客户关系管理能充分利用客户资源，因为通过与客户交流、建立客户档案和与客户合作等，可以从中获得大量针对性强、内容具体、有价值的市场信息，可以将销售渠道、需求情况、潜在客户等作为企业各种经营决策的重要依据。从企业的长远利益出发，企业应保持并发展与客户的长期关系。双方越是相互了解和信任，交易越是容易实现，并可节约交易成本，由过去逐次逐项的谈判交易发展成为例行的程序化交易。一旦企业把任何产品的销售都建立在良好的客户关系基础上，客户关系就成为企业发展的本质要素。

（五）培植客户忠诚

吸引新客户的成本远远超过保留现有顾客所花的费用，根据权威数据调查发现，这一成本费用将达到5倍之多。如果企业通过提供超乎客户期望的可靠服务，将争取到的客户转变为长期客户，那么商机无疑将会大大增加。企业如能捕捉到任何与客户往来的信息，并提供给组织内的每一个人，便能营造出一个以客户为中心的企业。在整个公司数据进行集成之际，一个清晰的、360度的客户全貌与产品信息将使客户服务人员在价值链中得以提升，使其能够

根据客户的全貌信息确定最佳决策，而不必再咨询其他的部门和管理人员。在企业流程彼此融合的情况下，企业便有更灵敏的客户回应能力，必然会增进客户的忠诚度，同时使公司得以吸引新的客户并促进销售的增长。有了客户关系管理的支持，通过对客户知识的管理和挖掘，不但拓展了开发新的客户的渠道，而且所有的客户关系都将贯穿客户的终生，真正做到了"以客户为中心"。

（六）共享客户信息

营销人员的工作是首先去寻找潜在客户宣传自己的产品和服务，当对方产生了购买意向之后，更加频繁地进行拜访，疏通关系，谈判价格，最后把合同签下来并执行合同。遗憾的是，在传统的方式下，营销人员可能从此将这些极力争取得到的客户遗忘掉，转身去寻找新的客户。由于公司营销人员在不断地变动，一个营销人员本来已经接触过的客户可能会被其他营销人员当作新的客户对待，从而重复上述的销售周期。这种情况的发生，不仅浪费了公司的财力物力，而且不利于客户关系的维护。事实上，我国的建筑企业实行多级法人治理制度，管理层次太多，管理链条太长，总公司下面有工程局、工程局下面有区域公司、区域公司下面还有分公司及分支机构，不利于客户的集中掌握和资源共享，有时候一个工程局内不同的分公司之间也还为争同一个客源而红脸，竞相压价、甚至相互诋毁，最终也可能落个两败俱伤的下场，损害的是整个集团的利益。因此在现代市场经济中，营销人员将客户信息作为私人信息的做法不利于企业改善客户服务。客户关系管理强调对全公司的数据集成，使得客户信息得以共享，从而使所有员工能拥有更多的潜力来更有效地与客户交流。

七、结束语

适应全员营销时代的需要营销就是设计出

满足客户需要的东西，而信息技术则可以帮助你更好地满足这些需要。信息技术尤其是互联网技术支持市场营销的重要方式，就是帮助营造一个以客户为中心的公司环境。在前端，营销必须能够与销售人员共享客户信息，使得每个人都能获得关于客户的完整视图。在后端，公司必须能够对客户需求迅速做出反应并传递销售承诺。

信息技术的突飞猛进促进了企业的信息化，同时也带来了企业内部的重组，使企业组织日益扁平化。从经营过程重建到客户关系管理，企业组织和流程管理经历了一次次变革，其目的就是为了使信息技术与企业管理紧密结合起来，以提高企业运作效率，增强竞争优势，促进企业发展。

建筑市场的市场营销应该说是一种以关系营销为主要营销手段来进行市场开拓的。在选拔和培养市场营销人员时应注重其市场嗅觉灵敏性，沟通交流能力。也可酌情外聘一些有社会交际与运作能力，掌握一定社会关系资源的行业内相关人士作为兼职营销经理，辅助企业内营销团队进行市场的开拓。加大在市场营销方面的经费投入，与客户形成长效的合作机制。与业主客户建立良好的合作关系，越来越成为建筑企业进行市场攻坚开展营销工作的重中之重。建筑企业的市场营销人员应该更加注重客户关系的维护与管理，为企业发展打造良好的客户群体关系。⑤

（上接第116页）是更高的企业价值，具体表现为交易成本更低，客户价值更大，经营效率更高，交易风险更小，适应环境的反应更快，成长性更好。

1、可以考虑的是从固定成本结构到可变成本结构

其一指向企业本身，即企业通过合作，把原本需要大规模投入的固定成本变成可变成本，从而节约支出；其二是指向客户，利用金融工具由客户分担成本。通过此举，企业可有效打破扩张的关键资源能力约束，彼此互搭平台，降低成本，增加收益。

2、从重资产到轻资产

如无法一开始即设计轻资产商业模式，可随着企业发展重构商业模式，从重转轻，化重为轻。

3、盈利来源多样化

优秀的企业，盈利模式可以转向专业化经营、多样化盈利。随着企业销售规模扩大，不断开辟新的收益来源。即使主营业务利润率可能下降，净资产收益率和投资价值也可以持续递增。多元化的角色定位都可能带来多元化的利润来源，最终成就更高的企业价值。

重构契机、起点、着眼点、落脚点、方向的明确，只是使企业成功具备理论上的可能性，重构之路还难免遇到各种挑战，必须一一克服或面对，诸如企业管理者的理念障碍、能力缺乏的阻碍、开拓新疆域的风险、分享未来收益的视野局限、做事新方式的尝试不足、自废武功的心智和魄力欠缺等等，这些都是重构钢构业的商业模式获得成功必须克服的挑战。

最后是企业实现从刚硬到柔软的转型，形成像金属液体一样高柔性，冷却后却非常坚硬的高抗风险力、高运营效率的实体，这更是将成为建筑钢构业的企业商业模式不断追求的方向和趋势。⑤

参考文献

[1] 魏炜，朱武祥.发现商业模式.北京：机械工业出版社.2011,1.

[2] 张其翔，吕廷洁.商业模式研究理论综述.商业时代.2006（30）.

韩国保障房制度对中国的启示

黄 霄　尹正烈（韩国）

（对外经济贸易大学国际经贸学院，北京 100029）

一、韩国保障房制度

（一）韩国保障房发展背景

韩国的保障房制度的发展，早于中国十多年。20 世纪 70 年代，韩国经济迅速发展，城市化进程加快，大量人口涌入首尔、仁川等核心城市，据统计数据显示，1960 年，韩国的城市化率为 28%，而 2010 年则上升至 82%。这给城市住房带来了巨大压力，城市住房短缺，中低收入人群住房困难。为缓解城市住房压力，满足中低收入人群的住房需求，韩国政府于 1984 年颁布了《租赁住宅建设促进法》，韩国公共租赁住房制度也由此得到确认。根据计划，从 2009 年到 2018 年，韩国政府将供给 150 万套保障房。

（二）韩国保障房类别

在中国，保障性住房主要包括经济适用房、廉租房与公共租赁房三大类。韩国的保障性住房大致可分为两类——分让住宅与租赁住宅。

分让住宅指将土地与建筑分开销售的保障性住房，相当于小型商品住房。其针对具有一定购买能力的中低收入人群而建设的小型公共型住房。面积通常小于 60 平方米。

租赁住宅则可细分为公共租赁、长期点租与长期租赁。公共租赁的期限一般为 10 年，租赁 10 年后，公共租赁住宅可转换为分让住宅；长期点租的期限则为 20 年，租赁期内，承租人需缴纳一定的租金，而租赁合同结束后，政府将返还承租人一定的金额；长期租赁又可分为国民租赁与永久租赁。国民租赁的期限一般为 30 年，价格约为市场价格的 60%~70%，租赁合同结束后不可转换为分让住宅。永久租赁的期限最长，一般为 50 年，价格也最低廉，约为市场价格的 30%，面积为 54 平方米以下（表 1）。

（三）韩国保障房受益人群

在韩国，保障房受益对象的分类较为细致。具有申请保障房资格的居民包括：人均收入为前年城市员工的月平均收入 100% 以下的，且结婚五年内有孩子的新婚夫妇；具有 20 周岁以下子女三个或三个以上的普通家庭；与已婚或未婚子女住在一起的个体户，且人均收入为上年度城市职工平均收入 80% 以下的家庭或无房者；父母年龄超过 65 周岁，抚养年数超过三年的赡养老人者；以及政府推荐的特殊人群，如国家功勋者、残疾人、中小企业员工等。

对于收入水平的界定，韩国采用"十分法"，以上一年城市家庭平均月收入来界定各分位群体的平均收入及范围。中低收入为收入下位的五个等级。其中，每一个分位各有自己所对应

韩国保障性住房分类 表1

类型		所有权归属	适用人群
分让住宅		购房者	收入水平为30%~50%的人群，具有一定支付能力
租赁住宅	公共租赁（10年）10年后可转换为分让住宅	政府或其指定机构	收入水平为30%~50%的人群
	长期点租（20年）	政府或其指定机构	收入水平为30%~50%的人群
	长期租赁 国民租赁（30年）	政府或其指定机构	收入水平为10%~20%的人群
	永久租赁（50年）	政府或其指定机构	收入水平为10%以下的人群

韩国各保障房类型适应人群及所占比例 表2

收入等级	下位一等	下位二等	下位三等	下位四等	下位五等
适用保障房类型	永久租赁房		国民租赁房		公共租赁房 分让住宅
所占比例	10%		10%~20%		30%~50%

的保障房类型（表2）。

在保障房的分配方面，韩国实行预申请制。预申请之前，公共部门公示建设保障房的概括性设计图、规模、总套数以及暂定出售价格和租金，针对总套数中的80%在互联网上接收预申请，其余20%留在开盘日申请。预申请者可以选择住房类型、入住时期、区位等。等到最终确定出售价格和租金以及确认预申请者资格后，预申请者在所选小区开盘时正式进行签约。

（四）资金来源及管理

在韩国，保障性住房的资金主要来源于四个方面：国家及地方财政收入、国民住宅基金、入住者和入住者公社。各部分资金来源对应于不同种类的保障房建设。对于永久租赁住房的建设，财政收入约占85%，而其余15%来源于入住者及入住者公社；国民租赁房的建设，财政收入约占10%~40%，其余由国民住宅基金与入住者负担；而对于公共租赁房与分让住宅，则全部来自于基金融资。

而韩国的保障性住房的建设与供给主要由国家、地方政府下设的土地住宅公社来进行管理工作。土地住宅公社总部下设多个地方分部，土地住宅公社与地方公社、民间部门相互配合，统筹管理，负责保障房的规划、建设、分配及物业管理，提高建设效率，完善监管制度。

二、中国保障房制度中的问题及对策

中国的保障性住房制度的历史较短，发展过程中也涌现大量问题，由此成为各大媒体争相热议的话题。对比韩国的保障房制度，我们发现，中国的保障房制度存在着许多的不足之处。

（一）专门针对低收入人群的保障房比重小

中国的保障性住房大致分为三类——经济适用房、廉租房及公共租赁房。经济适用房主要针对有一定支付能力的中低收入人群，国家给予一定的补贴，使得购房价格低于市价。这类保障房实际上是享有一定优惠政策的"低价房"，与传统意义上，旨在借助于政府力量，帮助低收入人群解决购房困难的保障性住房政策存在一定的差异。而真正为低收入人群而建设的保障房是廉租房与公共租赁房。其中，廉租房往往出租给城市中的最低收入人群，面积小于50平方米。公共租赁房则出租于收入高于廉租房标准，而又无力购买经济适用房的人群。

在这三类中，经济适用房的比重最大，约涵盖70%的城市居民。而廉租房与公共租赁房比重过小，导致低收入人群的住房仍得不到保障，或保障力度不强。

对比于中国，韩国的保障性住房的分类更为多样化。对于分让住宅、租赁住宅及其之间可否转换，规定了明确的制度与标准，各个类别对应于不同的受益人群。其保障房的建立的数量及标准有着明确的定义与分类，保障对象也多为低收入人群，而不仅仅是给予国民一定优惠的"低价房"。

若要真正解决低收入人群的住房困难问题，仅仅推动经济适用房的建设是不够的。我国应在大力发展经济适用房的同时，扩大廉租房与公共租赁房的建设范围及数量，明确界定与细化各类保障房的供应对象，并增加保障房品种，加强各保障房种类间的转换制度，以建立与完善专门针对低收入人群的保障房政策。

（二）受益人群不明确

由于各地经济发展水平存在较大差异，各市保障房受益人群的收入线标准也有所不同。根据"七分法"，保障房的受益对象为人均收入占全市人均水平40%以下的中低收入人群。然而，对于收入水平的审核，却存着在一定的困难，各地的收入统计制度并不完善，有些人存在着未公开的"隐形收入"，尽管实际上并不符合申请保障房的标准，但依然通过审核，

获得申请资格，也由此出现"开着宝马，住保障房"的现象，而被各大媒体诟病。

这与保障房受益对象的划分不明确是离不开的。我国仅仅依靠人均收入进行统计分组，作为划分保障对象的标准，而又缺乏科学的、完善的收入统计制度，导致收入审核困难，受益人群界限模糊。

在韩国，受益人群的分类更为细致与明确。新婚夫妇、赡养老人者、首次购房者及政府推荐的特殊人群，均具有申请资格。对于收入水平的划分，采用"十分法"，每一分位收入水平，对应于不同种类的保障房。韩国统计局于每年2月公布上一年人均收入水平，以界定保障对象收入线，对于收入水平的统计与审核也较为严格与完善。细化的分类与完善的统计制度，使得受益对象的界限相对清晰，一定程度上避免了中高收入者获得保障房的不公平现象，较好的达到了政策的初衷。

对于界定受益人群，仅仅采用"七分法"，对收入水平进行划分是不科学的。我国可在原有收入水平的基础上，对保障对象进行细分，规定更为明确、易审核的标准，以降低审核难度；此外，应使审核过程透明化，通过群众监督等方式，规范审核过程、完善审核制度、加强审核力度。同时，我国可引入衡量居民住房支付能力的指标，如住房消费收入比及房价收入比，对居民住房支付能力进行度量，结合收入线标准，对保障对象实现更为科学的界定。

（三）资金来源不足

资金不足是我国保障性住房制度发展的主要困难。我国保障房的建立主要依靠中央与地方财政收入，其中地方财政收入是资金来源主体，中央政府对其进行一定的补助。近几年，保障房的建立大力兴起，数量迅速上涨，2011年，政府计划在全国范围内建立1000万套保障房，预计所需资金3万亿，这给各地政府财政带来巨大的压力。

各地政府主要依靠贷款融资以筹集建房资金，而保障房贷款风险大，银行大都不愿意参入，导致贷款数额有限，信贷市场供不应求。并且，保障房的投资回收期长、成本高，此外，保障房的建立改变了市场供求关系，房价上涨空间得到限制，从而降低了土地价格，影响政府税收，这使得政府积极性不高，土地供应无法保证，保障房的建设出现了较大的资金缺口，我国保障性住房制度也因此遇到了瓶颈。

韩国保障房的自己来源主要有政府与地方财政收入、国民住宅基金、入住者与入住宅公社。政府与地方财政收入在永久租赁住宅的建设中所占比例较高；对于国民租赁住宅的建设，各部分资金来源相当；而对于分让住宅及公共租赁住宅的建设，财政收入只提供小部分资金，大部分则由基金融资与入住者及入住者公社提供。资金来源渠道多样化，资金供给分工合理明确，使得资金运用效率较高，保障房建设的资金来源得到有效保证。

对于我国保障房建设的资金缺口，与资金来源渠道狭窄，分工不明确具有很大联系。仅仅依靠中央及地方财政收入是不够的，可增加国家投入、土地出让金提成、住房公积金余额移用及社会融资等方式，并完善住房保障基金制度，开拓多种渠道，扩大资金来源；通过对各资金来源的运用方式加以明确，减少资金浪费，提高运用效率；此外，政府需改变地方政府以土地税收作为主要财政收入的现状，以及地方官员 GDP 考核机制，通过制度的改变，调动地方政府建设保障房的积极性。

（四）缺乏专门的管理机构

中国保障性住房制度起步较晚，至今并没有专门的管理机构对保障房政策的制定、保障房的建设、申请者的审核及数据公布进行统一的管理。各地对于保障房的管理制度也存在较大的差异。有些地区，甚至存在大量工作人员为兼职的现象，这为保障性住房制度的发展与完善带来一定的阻碍。保障房建设总工、保障对象界限模糊与资金的浪费，与缺乏专门的管理机构均存在一定程度上的关联。

而韩国成立了专门的管理机构，负责保障性住宅的开发、建设、管理和维护。土地住宅公社作为专门的管理机构，隶属于国家与地方政府。土地住宅公社总部又下设多个地方分部，总部与分部相互配合、相互补充，负责保障性住房的申请、审核、分配等工作，以及保障房的规划、建设与物业管理等有关事项。专门的管理机构不仅规范了保障房政策的制定，提高了保障房的建设效率及资金运用效率，并且完善了监管机制，有效地防止了保障房建设中存在的资金运用不清、地方政府不负责、保障对象审核不严等问题。

我国应设立专门的管理机构、统一保障房的管理标准，以规范保障房的建设及分配。成立专门的管理机构与制定科学的管理制度是保障房顺利建设及合理分配的重要保证。将保障房的规划、建设及维护，与对申请者进行审核及分配等工作进行合理分工，交由不同部门进行管理，规范保障房管理制度，提高制度运行效率，弥补保障房制度发展中存在的不足。同时，应完善监管机制，严格申请者审核制度，加强对地方政府的监管，对保障房建设中存在的违纪违规现象进行制止与惩治。⑤

参考文献

[1] 高群.我国保障性住房的发展脉络与制度创新研究.改革与战略,2011(11).

[2] 洪元柏,冯长春,丰学兵.韩国保障性住房供给及经验借鉴.中国房地产,2011(10).

[3] 兴慧,刘彦彦,贾佳.保障房发展的瓶颈与对策.经济与法,2011(03).

[4] 郭玉坤,杨坤.住房保障对象划分研究.住房保障,2009(09).

打造行业龙头　　服务行业发展

——北京建工院司法鉴定中心发展纪实

2004 年 6 月 18 日，北京市复兴路 34 号院鞭炮声声。当天，北京市首家建筑工程质量司法鉴定机构——北京市建设工程质量司法鉴定中心（以下简称北京建工院司法鉴定中心）正式挂牌成立。

如今，八年多的时间过去了，北京建工院司法鉴定中心成功走出一条依托智力和科研要素助力产业发展的新路子。中心规模逐年壮大，常驻工作人员由 2 人扩展至 20 余人，并建立起包括北京市乃至全国各专业知名专家在内的专家库；年产值连年递增，直逼千万关口；科技创新成果丰硕，荣获部市级及北京建工集团科技进步奖 6 项，并编写出北京市地方标准《建设工程质量司法鉴定标准》；北京市场占有率稳居榜首，高达 80%，并将产业触角延伸至全国二十余个省市及刚果、土耳其等国家，开创了国内司法鉴定机构赴国外进行司法鉴定的先河。

事实证明，北京建工院司法鉴定中心已经成为北京市乃至全国建设工程质量司法鉴定领域的开拓者和领军者。纵观该中心的发展历程，其中包含着建筑企业可以广泛借鉴的管理经验。

一、强素质，建学者型鉴定团队

"把握住人，就把握住了整个行业。"这是司法鉴定行业中人人皆知的成功秘诀。作为司法鉴定工作的具体实施主体，鉴定人在整个司法鉴定过程中的作用可谓举足轻重。为保证每位鉴定人都能成为"专而全"的通才，北京建工院司法鉴定中心没少在员工素质培养上下功夫。

每周五召开例会，是中心多年来沿袭的传统。当然，这并不是北京建工院司法鉴定中心独有的管理方式。但是，能够将例会打造成人才培养工作的"孵化器"，让员工乃至企业借助例会平台得到发展实惠的并不多。原因就在于，北京建工院司法鉴定中心的例会，兼具着学术研讨会的重要作用。员工们利用例会机会不仅可以总结工作经验、分享鉴定体会、探讨学术问题、提出改进方法等，还可以接受到外聘专家的指点和帮助。

当然，只靠引进来是不够的，中心还鼓励并号召员工走出去。除每年选派 5~6 名专业突出的青年骨干参加钢结构协会、暖通协会等学会举办的学术会议外，还定期参加司法系统培训，使员工法制意识和法律素养得到显著提升。引进来、走出去并举，北京建工院司法鉴定中心以塑造学者型鉴定团队为目标，坚持不懈狠抓员工培训，成功将"专才"培养成"全才"，筑起产业发展的基石。

二、重科研，做科技型鉴定团队

在北京建工院司法鉴定中心有这样一句话：持续的科研才是将零散学习化为系统学习的最好方法。依托北京建工院雄厚的科研优势，司法鉴定中心在日常鉴定实践中，特别关注鉴定项目背后的共性问题，注重挖掘案件潜在的科研信息。

以住房和城乡建设部课题《火灾后钢结构

损伤识别与安全性评估关键技术研究》为例，它是员工刘育民在参与多项建筑物火灾后的结构检测鉴定后，通过深入细致的对比分析，提取出具有科研价值的有用信息而立项的。目前，该项目成果已在鉴定实践中得到成功应用，成为科技成果高效转化的典范。

同时，这种以鉴定实践带动科研项目、以科研成果促进产业发展的思路也成为指引中心开展科研工作的核心战略，并从对研发鉴定技术的指导延伸至行业理论探索上。如《谈建筑工程质量司法鉴定的程序》、《谈建筑工程质量司法鉴定之取证和司法鉴定文书的形成》等颇具行业影响力的文章，无一不是根据中心多年鉴定实践总结提炼而成的。

当然，空有正确的科研战略是不够的，还需要一套能够激发和调动员工参与科研工作的激励机制。

为解决科研经费不足的难题，中心对立项员工实施高回报的奖励措施，只要是因项目研发而发生的经费，中心全部予以报销，并对获奖项目进行一比一的奖励，即北京建工院奖励多少，中心就奖励多少。同时，中心还帮助立项课题成立课题组，集中优势力量组织重大课题研究，并邀请专家学者进行指导。在多种制度的影响下，北京建工院司法鉴定中心员工科研热情高涨，已先后在国内外重要期刊发表论文40余篇，不仅为产业发展储备了后续力量，更为本行业的发展做出了积极贡献。

三、抓管理，创管理型鉴定团队

第一个吃螃蟹的人拥有更大的创造空间。作为北京市首家建设工程质量司法鉴定机构，北京建工院司法鉴定中心敢于从满布荆棘的荒野中开辟道路，创造出符合行业发展特性的新型管理方法。

司法鉴定将零散的鉴定信息变成具有法律效力的诉讼证据，需要经历严谨、复杂的过程。

为保证鉴定环节不出差错，北京建工院司法鉴定中心将鉴定流程进行系统化设计，形成了"中心负责人—高级鉴定项目负责人——一般鉴定项目负责人—鉴定专家—鉴定助理—鉴定辅助人员"的技术运行模式。

在此基础上，中心还构建起鉴定人本人自我监管和相互监管、审核人监督、中心负责人总体负责的三级监控体系。这样一来，鉴定报告的最终定性，就不是鉴定人个人意见，而是集体意见。在这一前提下，即使出现个别当事人企图干涉鉴定人员、左右司法鉴定结果的情况，也不会对鉴定结论产生影响，最大程度维护了法律的尊严，保证了鉴定结论的公平公正。

与此同时，针对项目中的疑难问题，北京建工院司法鉴定中心还开创了大型鉴定项目邀请知名专家和内部专家进行学术研讨的会商模式，并创新性地将ISO/IEC17025和ISO/IEC17020质量体系引入司法鉴定过程中，以管理促发展，有效提升鉴定结论的科学性和准确性。

四、结语

"未来八年，我们将瞄准社会类鉴定业务，继续扩大市场范围，拓展服务领域。"中心主任左勇志表示，"要改变过去只鉴定、不参与整改的服务模式，努力发展'检测—鉴定—设计—加固—再检测—再鉴定'的一体化服务产业链，打造从发现问题到彻底根治问题的一条龙服务模式，巩固中心的品牌特色。"

该中心的发展规划还包括，冲破服务范围只集中在建设工程领域的局限，将工程造价评估、房地产评估两大板块引入鉴定范围中来，将银行、保险行业和政府部门纳入服务对象中来，构建起三位一体的经营模式；摒弃"酒香不怕巷子深"的传统观念，以系列专著的形式将工作经验呈现出来，供法院、专业技术人员及有鉴定需求的公众参考，在履行社会责任的同时，进一步扩大中心知名度和社会影响力。　（撰稿　李伶俐）⑤